别逼我拆了你的家

狗的行为心理解读与训养

宁珏垠 著

化学工业出版社

·北京·

内容简介

养一只不拆家、不乱叫、不随处大小便、不护食、不狂奔、不打架的狗狗，是一种什么体验？

你的爱犬也可以如此听话，本书从狗的基本生存守则和社交守则入手，让你了解狗行事的底层逻辑，从根本上让狗顺从、听话，成为贴心的小天使，而不是糟心的小恶魔，让你真正体验与狗一起的快乐生活。

书中教你读懂狗的微表情，从实景案例中解析不同性格狗的行为，解答主人在养狗过程中的常见疑问，比如挑食，单独在家时狂吠，爱扑跳主人或陌生人，经常和其他狗打架等问题。本书不仅适合饲养一只狗的家庭，更适合饲养多只狗或多种动物的家庭，教主人如何维系和平、快乐、文明养狗。

图书在版编目（CIP）数据

别逼我拆了你的家：狗的行为心理解读与训养／宁珏垠著. —北京：化学工业出版社，2021.10
ISBN 978-7-122-39446-0

Ⅰ.①别⋯　Ⅱ.①宁⋯　Ⅲ.①犬-动物心理学②犬-驯养　Ⅳ.①B843.2②S829.2

中国版本图书馆CIP数据核字（2021）第130748号

责任编辑：丰　华　李　娜
责任校对：王鹏飞　　　　　　　装帧设计：李子姮

出版发行：化学工业出版社（北京市东城区青年湖南街13号　邮政编码100011）
印　　装：北京瑞禾彩色印刷有限公司
787mm×1092mm　1/16　印张 11¾　字数 266 千字
2022 年 1 月北京第 1 版第 1 次印刷

购书咨询：010-64518888　　　　售后服务：010-64518899
网　　址：http://www.cip.com.cn

凡购买本书，如有缺损质量问题，本社销售中心负责调换。

定　　价：68.00 元　　　　　　　　　　　　版权所有　违者必究

前言

很多人以为，狗和猪、牛、马一样，是被人类所驯化的。事实上，这就大错特错了。狗作为首个被家养化的野生动物，其演化的时间远远早于猪、牛、马，在那时，人类尚无驯化的概念和意识，因此，说狗是被"驯化"而成的，就太过牵强了。换一个角度来想，与其说是人驯化了狼，倒不如说是狼与人相互选择，相互合作，才成就了今天的彼此。

把时间向回拨 33000 年❶，人类还住在洞穴的那个旧石器时代。

此时，人类还在用叉、矛对抗猛兽，一只成年虎的夜间突袭，便足以毁灭一个族群。人类每天都在猛兽的阴影笼罩下艰难度日，直到洞穴附近来了一群有意接近人的灰狼❷。这些狼有着与人类高度相似的社会性——爱群居生活，有固定领土，在领土内安家，有家庭结构，有照顾老幼的习惯，要外出狩猎，会使用策略，善于用信息交流——更重要的是，他们并不主动攻击人。不久后，人类发现这群狼在猛兽来临前发出的声响，是危险来临的预警。能够提前备战使人类大大提高了抵御突袭的成功率，被反杀的猛兽使食物稍显富足，狼也因人类的报答，分得了战利品。愉快的合作让人、狼就此形成了初步的互利共惠关系。再到后来，分工狩猎、共同御敌、相互嬉闹、彼此照顾逐渐成为人与狼的生活日常，深入合作促使双方的族群愈发繁荣。人与狼就这样历经了漫长的万年时光，在相互陪伴中，狼不知不觉地变成了狗❸，人不知不觉地变成了现代人。所以，狗与人的关系，单方面用"驯化"一词就显得不尽情意了，狗又何尝不是在自主地选择进化呢！

按理来说，这份得之不易的情感在人们感慨"遇见你真好"之外，应只有快乐和幸福。可不幸的是，我们往往自私地要求狗来懂我（通人性），而不愿意花心思去懂狗。狗抬起一只手想获得我们的原谅，我们却给了他一块肉。由于不懂狗，我们做出了许许多多不默契，甚至是误导狗的举动，慢慢地，狗变迷茫了、狂躁了。于是，他开始用狂吠去表达情感，用攻击去解决问题，人狗之间变得不那么和谐了。

---

❶ 本书所采用的是中国科学院昆明动物研究所王国栋的观点。
❷ 中国科学院昆明动物研究所及瑞典皇家理工学院在 Heredity 共同发表的论文 Origins of domestic dog in Southern East Asia is supported by analysis of Y-chromosome DNA 中，用父系遗传证据推断出现代世界各地的家犬主要起源于东亚南部地区的灰狼。这一结果与母系遗传证据结论相一致。
❸ 在狼群繁衍的过程中，野性的、无法接受与人类一起生活的狼会自行离开狼群，较为温顺的、能够适应与人类一起生活的狼最终留下，演变为狗。

当我们不断质疑狗为什么狂吠、无端咬人时，可否想过可能是自己的过错？他生来就是这样，还是后来变成这样？到底是谁让他变成了他也不愿意成为的糟糕样子？

是不懂狗的"我们"。

我们不懂狗的规矩，因而总是打破规矩，让狗群不稳定；我们不懂狗的语言，因而频频凭着自己的喜怒答复，让狗群迷茫；我们不懂狗的心理，因而常常被狗牵着鼻子走，让狗群焦躁……是时候了解你家的狗了——只有懂狗，才能看穿他的小心思，才能无阻碍地和他沟通，才能告别麻烦事，才能真正愉快地享受养狗的乐趣和幸福。

本书从狗的心理层面出发，揭开狗的行为本质，让您对狗有全新的认识，还能改掉他们的坏习惯。具体来说，本书分为三章和一篇附录，其中，第一章从生物学及社会学的角度，介绍狗的基本生存守则，帮助您从本质上深入了解狗的内心。这章内容虽较枯燥，但却是狗心理的重中之重。若能很好地理解、掌握，并将它们与养狗实际融会贯通，您必定能成为精明的懂狗者。第二章主要介绍狗的身体、性格、常见沟通动作、微表情，可以让您对狗的外在表现有基本的认识和理解。第三章从养狗实际出发，列出了狗的种种行为，来为您解答养狗过程中的常见疑问，教您如何正确养狗、教育狗，从而避免出现人狗矛盾。附录通过故事来"还原"狗的起源和演化，使您对狗的"狼性"有更深的理解。

每个章节有每个章节对应的内容，您可以根据自身需求通篇阅读，或是针对性地阅读。若文中有不足或不到位的地方，欢迎您指正(ningjyin@outlook.com)。若您在懂狗、调教狗的过程中还有疑惑，可通过微信公众号"狗狗言语"或"readdogs"联系到我。

谨以此书献给我挚爱一生的忠犬香帅，没有你，就没有这本书。

在《附录：狼的演化，狗的诞生》中，我将以亚洲狼的口吻，讲述人狼的相遇、相知。希望这则故事可以让您重新认识狗，改变"人单方面驯化狼"的陈旧霸主观念，看到"人与狗是相互选择、相互适应而成就彼此的"这一客观事实。

一定要做到文明养狗

文明养狗是狗主人的首要责任和义务,这不仅能减少您与周围人可能发生的矛盾,还可以让我们的养狗生活更加和谐幸福。

1. 养狗前应视自身情况选择一只适合自己的狗:家里空间小的尽量不养中大型犬,没太多时间陪伴爱犬的尽量不养黏人的犬种,如博美;无法给爱犬足够运动量的尽量不养精力旺盛的狗,如哈士奇;没有调教狗的经验或经验不足的尽量不养不温和的狗,如斗牛犬……

2. 若已经选择了一只不适合的狗,请想办法调整、磨合:空间小就多带他去户外运动,尽可能抽时间陪狗,多带狗进行奔跑或直接给他买一台跑步机。

3. 按照当地政府规定的养狗条例办理狗证,去政府指定的动物检验检疫所、医院打防疫针,定时做好体内外驱虫工作。在非指定处打疫苗不仅无法提供检验检疫证,还有较大的接种到假疫苗的风险。

4. 尽量少去人群密集处遛狗,特别是小孩和老人多的地方。

5. 遛狗时,请给狗系上牵引绳,并收短绳子,如有必要则戴上嘴套:过长的绳子不仅没有牵引作用,还容易缠住物品、绊倒他人。

6. 请及时给爱犬清理粪便。现在有很多外观时尚、使用方便的工具供主人选购。

本书将从狗的心理层面出发,试图为读者解读狗因心理活动而表现出的行为举止。因此,生物机体导致的行为,如病痛、条件反射(类似人膝跳反射这种天生就会的)、方向感等不在本书的讨论范围之内。

阅读指南

细心的您应该已经发现，我总是用"他"，而不是"它"来指代狗。之所以这样，一来是因为狗富有个性与情感，"他"能够生动形象地呈现出狗的心理状态；二来是因为"他"能帮您站在伙伴的角度去看待狗，这样有助于您更深入地认知狗。除此之外，以下词语常在书中出现，在这里拿出来特别说明，希望您可以提前阅读，对阅读之后的内容会很有帮助。

狗群：狗或人通过一定的社会关系结合起来进行活动的共同体，有稳定性。在野外，一同活动的狗是一个狗群；在家庭里，家人与狗合起来是一个狗群。

头狗：一个狗群的最高领导者，可以是人，也可以是狗。

领地：在心理学中，领地指的是个体所拥有的特定空间内的防御权和行动权，本书出现的领地一词，特指心理学中的定义，它不仅包含了具象的地盘面积，还包含了心理层面的地盘所有权。如今，一提到狗的领地意识，人们便误以为是两只狗在争抢地盘面积，其实在狗的领地意识里，心理层面的意义远大于地盘规模的需求。

顺从：是一种享受当下的、愉悦的心理状态。顺从的狗神情放松、神态自若，对刺激的反应不过度，乐于接受命令，心甘情愿地跟随，待人待狗友善，不会给人或狗带去压力。

服从：是一种对抗当下的、克制的心理状态。服从的狗神情严肃、神态拘谨、需要压抑内心的不满和质疑才能按命令行事，表面上顺服，心里却是矛盾而痛苦的。

领导者：也叫支配者，是发号施令的人或狗。狗群中，领导者有权处置不听从命令的人或狗。

顺从者：也叫被领导者、被支配者，是接受命令的人或狗。通常情况下，狗群中的顺从者需无条件服从领导者的安排。顺从者可以表现得顺从，也可以表现得服从。

神经的活跃状态：指神经兴奋状态，可以是开心激动的正向活跃，亦可以是恐怖紧张的负向活跃。

神经的放松状态：神经处于放松状态，是狗在无忧无虑的状态下最平和的神经表现，不论是面部表情还是肢体，都处于最轻松、最自然的状态。

神经的顺从状态：指的是在不极端的神经状态下（不是过度活跃和过度放松），听从命令所表现出的精神状态，其外在表现是顺从。

惩罚：能让狗产生负面情绪的一切行为，包含身体与心理的处罚。身体处罚有扭耳朵、鞭打、电击等，心理处罚有关禁闭、呵斥等，重度惩罚不仅会使狗变得异常激动，还会令狗产生恐惧、焦虑和挫败感，反而不利于行为矫正（主人应尽可能避免对6个月以下的小狗实施惩罚，以防小狗产生与人相处的厌恶感）。本书出现的惩罚一词，均特指在狗承受范围内的轻度惩罚，如轻拍、主人不满地发出"啧"声、撤回奖励、对他不予理睬等。

帅帅：我养的其中一只狗的名字，文中多处是以他的经历作为说明的。

目录

★ 第一章　狗的基本生存守则及社交方式

本能是一切行为的原始驱动力　2
- 本能中的本能——趋利避害　2
- 更注重结果——结果导向偏好　4

狗的社交法则规范狗的行为　5
- 集体生活很重要——成群结党　6
- 无规矩不方圆——等级制度　6
- 不止占地那么简单——领地意识　8
- 为了和平而战——较量意识　10

★ 第二章　图解狗的性格与动作表情

认识狗的身体　14
- 被误解的"千里眼"　14
- 用鼻子"思考"　16
- 绝对出色的"顺风耳"　16
- 忙碌的嘴　18
- 特别保护对象——尾巴　19

认识狗的性格　20
- 性格坐标图　20
- 性格的养成　22

狗的常见沟通动作　24
- 下犬式　25
- 骑跨　26
- 抬起一只前掌　28
- 肚皮朝上　30
- 舔舐　33
- 叹气　35
- 碰鼻头　36
- 闻屁股　36
- 原地打转　38
- 雀跃小跑着转圈及对主人扑跳　39

歪头　　39

踱步　　41

- 狗的微表情　　42

耳朵　　43

眼睛　　48

胡须　　48

嘴巴　　49

尾巴　　50

- 常见状态图示　　55

★ 第三章　日常养狗问题135解

- 与吃有关的问题　　58

Q1：是不是所有的狗都贪吃？狗对食物有偏好吗？　　59

Q2：为什么有些狗连垃圾都吃，有些狗却连肉骨头都不吃？　　60

Q3：如何改掉狗挑食的坏毛病？　　60

Q4：为什么狗喜欢吃人吃的食物？　　60

Q5：主人在吃饭时，狗为什么要扒桌子、扒主人手？怎么纠正？　　61

Q6：为什么有些狗看着别的狗吃饭，自己却乖乖地等在一旁？　　62

Q7：爱犬为什么要攻击被自己主人喂的狗朋友？　　62

Q8：为什么有时狗明明犯了很多错误，但被主人批评时却感到无辜？　　63

Q9：这个案例中，主人的喂食方式有错误吗？如果有，正确的喂食方式应当如何？　　63

Q10：如果家里饲养了两只甚至多只狗，主人（头狗）应当如何喂食，他们才不打架？　　64

Q11：头狗对狗群有绝对的领导权，狗群成员需要无条件服从头狗的安排。既然是这样，主人可以不按照规则，想先喂谁就喂谁吗？　　65

Q12：如果狗群中出现了一个不按规矩进食的狗，主人该怎么办？　　66

Q13：为什么我们可以看见一些狗围在一起，用一个共同的食盆和平进食？　　66

Q14：如果可以培养几只狗在一个食盆中共同进食，是不是就可以树立他们的平等意识，从而避免争抢呢？　　67

Q15：狗是从哪里知道这些复杂规矩的？　　67

Q16：爱犬为什么对垃圾桶情有独钟？　　68

Q17：怎么改掉爱犬在家偷吃、在外乱吃的坏毛病？　　68

Q18：为什么爱犬明明知道这个东西不能吃，却还是不顾主人的呵斥偷跑去吃？　　69

Q19：为什么我家狗会吃屎，他总是吃屎怎么办？　　70

- 与起居有关的问题　　71

Q1：为什么狗不喜欢睡在宽敞的地方，反而喜欢睡在椅子下面这样狭小的地方？　　72

Q2：为什么爱犬喜欢睡在主人旁边？　　73

Q3：既然在主人身边很安全，为什么爱犬还要蜷缩着身子睡觉？　　73

Q4：爱犬在睡觉的时候，为什么会蹬脚？狗蹬脚时，我们能叫醒他们吗？　　74

Q5：爱犬为什么想和主人一起睡床上？　　75

Q6：为什么主人不在，狗也会想睡床？　　75

Q7：爱犬在睡觉时，为什么总是醒来？这正常吗？　　76

Q8：主人有时候醒来，一睁眼就看见爱犬在看着自己，这是为什么？　　76

Q9：爱犬总是在睡觉，这样正常吗？　　76

Q10：爱犬为什么喜欢睡枕头？　　76

Q11：主人没空搭理爱犬时，爱犬为什么要把家里弄得一团糟？　　77

Q12：让刚来到家里的狗独自看家时，他为什么会大吼大叫？　　77

Q13：狗独自在家时，为什么会发出类似狼鸣的长嗥？　　77

Q14：为什么有些狗只要独自在家，就叫个不停？　　78

Q15：什么是分离焦虑症？患有这个心理疾病的狗会有怎样的表现？　　78

Q16：只要有"拆家""不停吠叫"的现象出现，就一定是分离焦虑症吗？　　78

Q17：爱犬有分离焦虑症，怎么办？　　79

Q18：没有分离焦虑症的爱犬独自在家时，为什么也"拆家"？　　81

Q19：没有分离焦虑症的爱犬"拆家"怎么办？如何解决爱犬乱啃咬的坏毛病？　　81

Q20：没有分离焦虑症的狗，为什么偶尔也会在家随地方便？　　83

Q21：为什么爱犬总是在家里的某个地方大便或小便？　　83

Q22：如何改掉爱犬总在家里某个地方方便的坏毛病？　　84

Q23：爱犬总对着家里的椅子腿、墙角撒尿，这是为什么？该怎么办？　　85

Q24：爱犬为什么害怕笼子？爱犬拒绝进笼子该怎么办？　　86

Q25：爱犬为什么会突然对着已经进门的客人叫？　　87

出行时的问题　　89

　　Q1：为什么爱犬每天一到点就要叫醒主人？　　90

　　Q2：为什么我的爱犬不会叫我起床，可是一听到电话铃声，就会拉我
　　　　外出？　　90

　　Q3：为什么爱犬会主动拿牵引绳、坐门口？　　90

　　Q4：察觉到主人无法带自己出门时，爱犬为什么要冲着主人吵闹，甚至
　　　　发火？　　91

　　Q5：怎样改掉爱犬逢点就吵，不得意就闹，影响主人正常生活的坏
　　　　习惯？　　91

　　Q6：爱犬在出门前，为什么要在门口不停地转圈小跑？　　92

　　Q7：爱犬为什么一出门就开始狂奔？　　92

　　Q8：如何改掉爱犬一出门就狂奔的习惯？　　93

　　Q9：爱犬平常都走在主人后边，但只要是去公园玩，他就要拉扯着跑在主人前头，
　　　　这是为什么？　　93

　　Q10：爱犬在闻东西时，为什么完全不理会主人？　　94

　　Q11：首次接触车时，爱犬为什么很紧张，不敢上车？　　94

　　Q12：爱犬为什么不怕车，不躲避车？　　95

　　Q13：为什么爱犬坐车会特别兴奋或特别紧张？　　96

　　Q14：爱犬为什么怕瀑布、河流、篝火？　　96

与陌生人见面时的问题　　97

　　Q1：为什么有些狗不喜欢被陌生人轻易触碰？　　99

　　Q2：为什么有些狗是自来熟，愿意让陌生人随便摸？　　99

　　Q3：为什么有的狗愿意让人摸背，却不愿意让人摸头？　　99

　　Q4：狗身体的哪些部位不喜欢被陌生人触碰？　　100

　　Q5：狗不喜欢陌生人的哪些举动？　　101

　　Q6：狗在什么情况下会主动闻陌生人？　　102

　　Q7：为什么狗会在空气中乱闻？　　102

　　Q8：爱犬在路上为什么突然打喷嚏，后来又流鼻水，是感冒了吗？　　103

　　Q9：如果陌生人想同爱犬玩耍，主人应当如何引导对方同爱犬正确地
　　　　打交道？　　103

　　Q10：有时陌生人看着爱犬，爱犬会显得不自在，是害羞了吗？　　104

　　Q11：狗发现路人害怕自己，为什么还凑上前闻？　　105

　　Q12：为什么有"越怕狗的人越被狗欺负"的说法？　　105

Q13：一只待人友好的狗，为什么有时候会突然冲着人叫？　　106

Q14：怎样培养出一只待人友好的狗？　　106

Q15：狗在什么情况下具有攻击性？　　107

Q16：爱犬为什么会乱扑陌生人？怎么办？　　108

Q17：爱犬为什么会追随陌生人，特别是孩子？　　111

Q18：遇到人与爱犬对峙的情况，主人该如何处理？　　112

与陌生狗见面时的问题　　113

Q1：狗是如何看待和对待不同体型的狗的？　　114

Q2：两只陌生狗会面，会发生哪些情况？　　115

Q3：哪些因素会影响狗的社交方式？都是怎样影响的？　　116

Q4：狗打架前有征兆吗？主人可以从哪些动作来判断爱犬即将打架？　　117

Q5：狗较量的过程是怎样的？　　119

Q6：狗是如何表达自己的强（领导者）、弱（顺从者）的？　　120

Q7：如果爱犬想打架，主人该怎么办？　　123

Q8：如果打架已经发生，主人在无牵引绳的情况下，要如何分开爱犬？　　124

Q9：爱犬被其他狗吓得害怕地逃跑，可那只狗为什么还是追着爱犬不放？　　124

Q10：为什么爱犬不断用后腿刨地，特别是在其他狗面前更加频繁？　　124

Q11：为什么我家的大狗会害怕邻居家的一只小狗？　　125

与其他动物见面时的问题　　126

Q1：狗为什么喜欢追着鸡鸭跑，甚至喜欢咬在嘴里？　　128

Q2：如何改掉爱犬追逐鸡鸭的坏毛病？　　128

Q3：既然狗对移动中的物体充满兴趣，那么他们是不是都会追逐奔跑中的鸡鸭？　　130

Q4：小狂为什么招惹鸡、鸭、矮马，不招惹蜜蜂、牛群、猫？　　130

Q5：狗是如何判断陌生动物能否对自己造成伤害的？对同一种动物，狗为什么会反应不同？　　130

Q6：狗和陌生动物打交道时，主人应当注意什么？　　132

Q7：为什么有些牧羊犬不会牧羊？　　132

Q8：狗与不同动物形成的群体，也有等级制度的说法吗？　　133

与主人相处时的问题　　134

Q1：狗为什么会有自己地位比主人高的想法和行为呢？　　135

Q2：爱犬眼中的主人是什么角色？是爸爸、妈妈还是食堂阿姨？　　135

Q3：如果狗是家中的领导者，会有什么样的危害？　　137

Q4：如果狗自认为是领导者，那么他具体会有什么表现？　　137

Q5：为什么爱犬特别听某位家人的话，却不听其他家人的话呢？　　138

Q6：为什么爱犬对家里大部分人都很好，但唯独会凶某一个人呢？　　138

Q7：我天天照顾狗，他为什么还凶我，却不会凶从不照顾他的其他家人呢？　　139

Q8：为什么男主人在时，爱犬对我（女主人）很好，男主人不在时，爱犬就凶我？　　139

Q9：为什么家人A喂狗，爱犬们不打架，而家人B喂狗，爱犬们就打架呢？　　140

Q10：爱犬是如何判断自己所在家庭中的等级（地位）的？　　140

Q11：主人如何判断爱犬在家中的等级（地位）？　　141

Q12：为什么不把"在主人吃饭前/后进食"作为判断狗等级（地位）的依据？　　142

Q13：家庭中，合理的狗群等级应当如何？家人之间要怎么排等级？爱犬之间要怎么排等级？　　143

Q14：家里养了几只狗，主人应当如何给他们设定等级？如何稳定他们的等级关系？　　144

Q15：有一只等级最低、顺从于整个家庭的狗，是一种什么体验？　　145

Q16：怎样才能让家人成为领导者，狗成为顺从者？　　145

Q17：如果爱犬已经是领导者，主人应当如何让爱犬变为顺从者？　　147

Q18：狗为什么总在试图挑战权威，争当领导者？　　148

Q19：怎样才是一名合格的领导者？不合格的领导者会出现什么问题？　　148

Q20：为什么爱犬在进餐、玩玩具时会对家人低吼（护食行为）？　　150

Q21：爱犬在进餐、玩玩具的过程中低吼家人（护食行为），应当如何改正？　　150

Q22：为什么有时当场责备了爱犬的罪行，他却仍一脸迷茫？　　152

Q23：爱犬能听懂我说的吗？他怎么知道我在批评或表扬他？　　153

Q24：批评爱犬时，爱犬为什么要举起前肢和我握手？　　153

Q25：批评爱犬时，爱犬为什么还敢犯困打哈欠？　　154

Q26：主人应当怎样责备爱犬的错误行为？　　154

Q27：为什么主人第一时间责备爱犬后，爱犬短期内表现良好，可是后来还是会不断犯错？　　155

Q28：如何有效地防止爱犬再次犯错？　　156

Q29：爱犬为什么有时候很听话，有时候却不听话？　　156

Q30：爱犬抗拒牵引绳，主人该怎么办？　　157

Q31：散养和拴着养，哪个好？　　158

Q32：在家散养爱犬，爱犬有较大的活动空间，主人还有出门遛狗的必要吗？　　159

Q33：如何让爱犬养成有需求时先向主人请示的好习惯？　　160

Q34：我一碰其他狗，爱犬就凑过来黏我，或对其他狗吠叫，怎么办？　　161

Q35：我长时间地与爱犬相处，花了很多时间和心思照顾他，为什么爱犬还觉得我不够关注他？　　162

Q36：爱犬为什么总是背对着我？　　163

Q37：如何给爱犬安全感？　　163

Q38：狗会哭吗？他们是怎样表现自己的痛苦的？　　164

Q39：爱犬为什么总是强吻我？我该怎么办？　　165

Q40：爱犬和我玩耍时，为什么有时候会发出低吼的呜呜声，有时候会响亮地叫一声？　　165

★ 附录：狼的演化，狗的诞生　　166

★ 后记　　173

Part 1

第一章
狗的基本生存守则及社交方式

狗的一切心理、行为的形成来源于本能和社交，只有理解他们最深处的需求，才能明白他们行为的初衷与目的，进而采取有效的教养方法。本章将从生物学及社会学的角度讲述狗的基本生存守则，包括本能行为和社会行为。

本能是一切行为的原始驱动力

本能中的本能——趋利避害

趋利避害，这个众所周知、天经地义的"特征"，却往往被狗主人所忽视。认真观察狗的行为，你会发现这一点几乎贯穿于他们的所有日常行为：炎炎夏日，为了纳凉避暑，爱犬想方设法地向电风扇或者空调房靠近；吃东西总是挑更喜欢的吃；为躲避责骂，和主人保持一定距离，或者逃到主人够不着的床底……图1-1表现了狗在较量中是如何思考趋利避害的。

黄狗觉得自己有把握赢，就勇往直前

黄狗觉得自己输赢参半，就不轻易发动攻击，觉得输的概率高甚至会让自己挂彩，就避开挑衅，绕道走开或认怂跑走

图 1-1　趋利避害在较量中的表现

家养狗不似野外生存的狗，因行动受限，经常会陷入主人制造的各种冲突中，根据趋利避害原则，他们对不同类型的冲突有不同的思考方式。了解了狗的思考方式，我们才能更好地理解爱犬的行为模式，准确预测出爱犬的举动，知己知彼百战不殆嘛！

● **两个都想要——双趋式冲突**

双趋式冲突，就是两个目标具有同等吸引力，完成两个目标的动机也同样强烈，但条件所限，狗只能达到其中一个目标，而不能同时达到所有目标。

主人一手拿着食物，一手拿着球，让爱犬选择吃或玩，爱犬既想吃又想玩，此刻，他面临着双趋式冲突。经过艰难的取舍之后，爱犬通常会选择一个稍微难获得一点的东西，如很少才能玩到的玩具球——这是狗选择哪个更好的过程。

● **哪个都躲不开——双避式冲突**

双避式冲突，就是两个目标都想避开，但只能避开一个。狗迫不得已选择一个受损更小的目标，以避开受损更大的目标。

同样是面对责罚，如果一只狗的主人骂得凶，打得却很轻，狗会选择挨打，避开挨骂。而另外一只狗的主人骂得轻，打得却很重，狗会选择挨骂，避开挨打——这是狗选择哪个损害更小的过程。

如果这两个损害都大到狗完全不愿意承受的程度，那么他在不得已选择受损更小目标的同时，会不停思考规避损害的办法以争取"0损害"，甚至是由弊变利。因此，狗主人有时会发现爱犬一边犹豫地做选择，一边眉头紧锁、眼珠转动、眨着眼睛在思考着什么。

> 主人回家发现爱犬又把家里搞得一团糟。看见怒火中烧的主人，他迅速逃窜到床底，企图以此来免除或减轻惩罚。

如果爱犬是惯犯，深知自己无论如何都逃避不了责罚，那么他会权衡是仅为房屋破坏行为负责，还是为房屋破坏及逃逸两个行为负责，然后选择一个后果更能接受的方案。当破坏行为所受的责罚轻于逃逸时（如前者只会挨骂，后者要挨骂加挨打），他就会在安全距离范围内表现出耳朵后贴、低头、抬前腿等承认错误的行为[1]，以乞求主人的原谅。若主人并未原谅自己，反倒骂得越来越凶，甚至有动手教育的趋势，那么爱犬又将面临新的抉择，思考新一轮的应对方案。在整个过程中，他们总是一边担心害怕，一边想着金蝉脱壳之计，在"是谄媚一下呢，还是逃跑呢，还是乖乖被训以防更多责骂呢"的各种方案中，快速选择最优方案。

不同主人对爱犬的态度及责罚方式不同，因而有不同的结果。深知主人脾气的爱犬会根据主人的日常反应衡量结果的好坏，从而选择他认为最好的方案。

图 1-2 为一只经验丰富的狗在犯错时可能会想到的应对方案，他们会在最佳的时机、最短的时间内为自己选择一条效果最好而执行成本最低的方案。

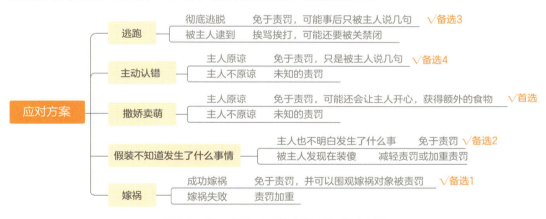

图 1-2 狗在犯错时可能会想到的应对方案

> 需要说明的是，备选方案 1 中的嫁祸，嫁祸对象不一定是狗，也可以是物件或其他动物。狗一旦有嫁祸成功的经验，便会倾向于找个背锅的，即使主人一看就知道那件东西不可能干坏事。

● 做，还是不做，这是个选择——趋避式冲突

趋避式冲突，就是想达到一个目标，但这个目标既有利又有弊，让狗难以抉择。

---

[1] 其实，不管狗选择了哪个方案，在没有绝对把握的情况下，他都会担心策略失败，因此会同主人保持安全距离，以灵活面对"暴风雨"。

在趋避式冲突中，狗会反复衡量、比较"趋的获利程度"和"避的受损程度"，然后偏向程度更深的。

以吵醒主人会挨打为例：若为了出门尿尿而吵醒主人，爱犬会能忍就忍，不吵醒主人；若吵醒主人是为了让主人脱离危险，就算被挨打，也要想办法叫醒主人——这是狗选择做不做的过程。

- **选择太多，选哪一个——双重或多重趋避式冲突**

双重或多重趋避式冲突，就是有 2 个或 2 个以上的目标，每个目标都有吸引力，但却都有利有弊，狗只能达到一个目标，而反复权衡难以拿定主意。

比如有两盆食物，一盆是狗喜欢的一种肉和讨厌的一种味道，另外一盆是他喜欢的另外一种肉和讨厌的另外一种味道，狗不得不在两盆中选择一盆——这就是狗选择吃哪一盆的过程。

需要特别说明的是，利与弊是相对的，不是绝对的。

有时候，宠物狗们也面临着"好处"和"害处"共存而选择"害处"的情况。这是因为看起来很绝对的利与弊，其实是相对而言的，在坏和更坏之间，选择坏，也是一种趋利的选择（见图 1-3）。

图 1-3 利与弊是相对的，不是绝对的

在爱犬面前有一份爱吃的零食，主人却不允许他进食。吃，会遭受惩罚；不吃，不会被惩罚。他选择放弃零食（好处），选择不吃（害处）。表面上看，爱犬失去了好处（食物），选择了害处（放弃食物），但实际上，狗依旧遵从趋利避害的原则，选择了好处（遵从命令获得主人认可，从而得到新的好处），避免损害（因为不听从命令，被主人责骂）。

更注重结果——结果导向偏好

在严峻的生存竞争面前，狗的祖先不得不为了生存，选择结果导向[1]，这也直接导致了

---

[1] 结果导向是指重结果而不重过程的态度和行为，如公狗为了获得交配权，可以不吃不喝地守在母狗家门口几天几夜。

现代狗仍有明显的结果导向偏好。

为了更快速、更高效、最大化地获取结果，他们把目标设定成唯一。因此，除了被特殊训练的犬只之外，他们都显示出强烈的目的唯一性，即目的不会发生变更，直到目的消失、被替换或被中断。以进食为例，见图 1-4。

> 一只正在追求发情母狗的公狗，可以茶不思饭不想，匆匆忙忙地从陌生狗面前经过，也没了往日一较高低的念头，直奔追求对象；而一只饥肠辘辘正在觅食的公狗，在没有完成进食之前，是不会掉头追求正在发情的母狗的。

图 1-4　除非目的消失、中断或更换，否则目的将始终不变

目的设定完毕，狗会采取单任务作业——他们总是做完一件事情再做另外一件，而不是同时做两件甚至多件，见表 1-1。

● 表 1-1　单任务作业及多任务作业的区别

任务执行方式	行为表现	说明
单任务作业，如狗	追求母狗－受不了饥饿去吃饭－吃完饭又找母狗调情	一心一意，一件事接着一件事进展
多任务作业，如人	一边恋爱一边吃饭	三心二意，同时处理两件或多件事情

正确理解趋利避害和行事目的的唯一性，主人就能够轻易窥探狗的内心世界：他眼珠一转，我们就能猜到他的"小九九"，预测他接下来的举动也就轻而易举了。

狗的社交法则规范狗的行为

我们常说，人是由动物性和社会性两方面构成的，动物性主要体现在婴幼儿时期，这是人作为动物表现出的最原始最纯粹的部分，而人的社会性则通过成长、教育等方式，形成了一套被大众所接受和认可的道德观、行为法则。

这套说法放在狼身上也是适用的。

作为同是社会性动物的狼，一样拥有狼群的"道德观"及行为法则，这些"观念"和法则伴随着狼的演化，留存到狗身上[1]。

---

[1] 尽管狗是由狼演化而来的，但狗的行为模式与现代狼并不一样。

早期，狼用自己独特的社交方式与人相处。相处过程中，人类不但没有排斥狼的社交，反倒出现了很多配合狼社交法则的行为。后来，狼逐渐演变成狗，这些被人类默认接受的社交法则也一步步沿袭到狗身上。

集体生活很重要——成群结党

狗是天生的群居动物，从几万年前起就同饮食同起居，团队合作、抵抗外敌。直至今天，我们还能看见流浪狗成群出现。

家养狗由于主人看管所限，没法像流浪狗一样自由组队，所以他们把和自己生活在一起的主人（以及其他家人）、家里其他狗，甚至是其他动物（猫、鸟、鸡、鸭等）视为一个群体。

如果有几只狗，他们经常被主人带着见面玩耍，慢慢地，这几只狗也会形成一个暂时的群体，再之后，主人们也会成为群体的一部分，见图1-5。

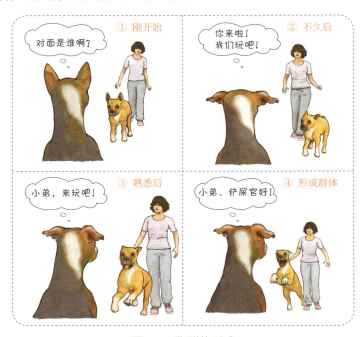

图1-5　狗群的形成

主人应当明确知道，**狗群并不单指狗**。家人、狗、家中饲养的其他动物一起，才能构成完整的狗群。

无规矩不方圆——等级制度

既然是群体，就一定有行动规则，如什么时候需要谁做什么事情，其他成员该如何分工，以保证群体在生存的基础上高效运转，获取更多的群体利益。这时候，地位等级的重要性就突显出来了。

狗群中的等级制度不同于人类社会的等级制度，主要显示出以下三个特点。

● **每只狗都有对应的等级，等级一定有高低之分**

狗群里，每只狗根据其体形、智力、体力、健康情况、经验等情况，分出等级高低。

若两只狗体形相似，实力相当，那么他们会想尽办法从其他方面（如耐力、战斗技巧等）确定地位，拒绝同级。

如图 1-6 所示，等级排序呈金字塔状分布，处于金字塔顶端的是地位最高的狗，称为头狗。他掌管狗群的生存和发展，包括捕食策略、食物分配、狗群成员地位、纠纷处理、后代繁殖等，通常是脑子最好使、体格最健壮、性格最成熟稳重的狗或人。

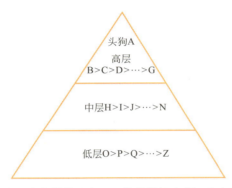

图 1-6　等级排序呈金字塔状分布，即使是层级内部，也有微弱的高低之分

头狗一般行走在群体的最前面，是整个狗群的领袖，其他狗则按照等级由高至低，依次紧随其后。

> 一般来说，领袖总是走在最前面，但在特殊情况下，也可见其他狗走在最前面，如被头狗安排探敌或带路的狗。

头狗在群体中的权威地位，使得成员对他既尊重、喜欢，又害怕。

● **地位越高的狗，享有的权利和待遇越高**

狗在自然环境中遵循优胜劣汰的生存法则，强者凭借自身的能力争取更多的权利与待遇。

假设 A 狗的地位比 B 狗高，A 就要先于 B 进食，A 要吃更好的肉，吃饱并且离开后，在一旁的 B 才能靠近食物，吃 A 的残羹。这些权利和待遇体现在日常生活的方方面面，如进食、走路、占座、交配等，地位更高的狗总是享有更高的权利和待遇。

然而，很多狗主人可能并不清楚狗群内部的等级，只是看见体形小的、瘦弱的、排序进食的狗，觉得他们可怜，于是人为施加了很多"公平手段"，如帮弱狗对抗强狗、把食物分给在一旁等待的狗。万万没有想到，这些"善举"反而破坏了狗群的稳定，引发了更多斗争。

● **等级会随着狗的实力的变化而变化，确立新地位后重归稳定**

每一只狗都会历经生老病死，若他不能再胜任原有等级，就会被其他更强壮的狗代替——头狗也不例外。

当强壮的头狗年老或病到没法支撑整个狗群的时候，其他年轻力壮的狗就会向头狗发起挑战，最后的赢家成为狗群的新任头狗。而前头狗根据自身情况降到其他等级，并按照该等级行事。一旦新头狗得到普遍认可，群体又会恢复稳定。

> 一般而言，狗群对前头狗还是比较爱戴的，特别是那些曾为狗群做出卓越贡献的领导者，会受到年轻狗的细心照顾。不过，这些卸任后的头狗，往往会因为不想给狗群增加负担而选择离开，另图发展或静静等待死亡。在家庭养狗生活中，因养狗数量有限，我们无法遇到这么复杂的"狗"际关系。

作为狗主人，不管家中有几只狗，都要扮演好头狗角色，合理规划并维护等级排序（人老大、狗老二、狗老三、狗老四……），扛起保证群体生存和发展的"重任"。越有领导力的主人，越容易得到整个狗群的尊重，爱犬也会因此表现得更加顺从和安逸，主人也能更尽情地享受养狗的乐趣。

需要说明的是，等级制度≠专政制度，狗群虽然有严格的等级制度，但并不是专政。

要知道，一个成熟的狗群讲求的是协作而不是独裁，只有足够成熟、足够老练的狗才能成为领袖，那些性格蛮横暴躁、专政的狗，并不受狗群欢迎。因此，一位优秀而受狗爱戴的领袖会给成员足够的空间和自由，但这并不意味着狗群成员可以没大没小。

不止占地那么简单——领地意识

很多人都知道狗有占地行为，觉得一只狗跑到另外一只狗的领地里，战争就在所难免。可事实果真如此吗？狗的领地意识究竟是怎样的？他们又是如何划分领地的？让我们重新认识一下"领地"。

● 稳定的领地分为不同的等级区域

提到领地，许多人会下意识地认为指的是地盘大小，其实，领地不仅是实体的地盘面积，更是狗在心理上对特定空间的防御权和行动权。

一个狗群，就是一个权力集团。当其在一个地方稳定生活一段时间后，就会形成较为稳定的领地。他们通过气味和划痕做标记，来宣告此片区域是他们的领地，不可侵犯。而这个领地根据其功能和重要程度的不同，又分为三个等级区域：核心区域、重要区域和一般区域，见图1-7。

核心区域

狗群的饮食起居、生儿育女、养病疗伤等私密性极强的行为/事件都在该区域内进行，是最安全、让狗最安心的地带，自然也是狗群看得最重的区域。作为心理防御最后的底线，狗会誓死保卫它。在家养狗眼中，这块区域通常是同主人一起生活的"家"或家里具体的某个或某几个房间。

图 1-7 不同区域的关系

重要区域

狗群日常玩耍、活动等私密性一般的行为/事件在此发生，无论是重要性，还是安全性都略低于核心区域。在家养狗眼中，客厅、院子往往就是这样的区域。

一般区域

也叫公共区域，是狗群会涉及的区域，这个区域是领地最靠外的防线，也是狗最容易放弃的区域。

> 如果到一个陌生环境，仅仅生活了一两天，还不至于形成稳定的生活轨迹，那么领地是无法形成的。此时，狗群只有暂时的核心区域。如旅游入住的房间，只有身为头狗的主人在房内休息时才成立，一旦主人收拾行李离开房间，这个核心区域便消失不见了。

● 不同饲养方式的狗对等级区域的划分不同

家养狗受人干扰，生儿育女等私密行为可能无法在家中进行，因此，他们的等级区域在功能上会有所变化，如核心区域仅存休息功能。此外，每家有每家的养狗方式，我们无法明确指出某个地方一定是核心区，但能根据狗对不同地方的守卫态度来判断。

一般而言，头狗（详情请见"等级制度"中对头狗的描述）睡觉的区域就是核心区域，头狗带着狗群日常活动的区域就是重要区域，狗群会去但不总去的区域就是一般区域。

情况一

主人是头狗，A 狗在室内散养，他可以随意进出任一房间，主人和爱犬平常在客厅玩耍，在餐厅吃饭，主人会带着爱犬去公园散步。这时，主人的寝室为核心区域，客厅、餐厅为重要区域，公园为一般区域。

情况二

B 狗是头狗，在室外笼养，只有主人打开笼子时，狗才能跑到院子里玩耍，时常还会跑到屋内和主人玩耍，有时候也会和主人一起去公园散步。这时，狗笼子为核心区域，院子和屋内为重要区域，公园为一般区域。

● 等级越高的区域，越不愿意受到侵犯，也越不想要失去

人们越看重的东西，越不想失去，这点同样也适用于狗。狗最看重核心区域，接着是重要区域，最不看重一般区域。不同区域受到侵犯时，狗的心理反应有明显的不同。

一般区域——不轻易发起进攻

狗的心理过程：这是我的领土边界，得到我认可的狗才能在这里晃悠。快走开！唔，你不愿意走？你看起来不太好惹，好吧，按理来说你不能在我的领土瞎转，但下不为例，这次就勉强让你溜达一回。尽快溜达，尽快走开！

重要区域——严重警告，有可能发起主动进攻

狗的心理过程：嘿，兄弟！这里已经是我的私人地盘了，你收敛点吧！进入边界已经很不狗道了，你居然还跑到这，到时候要揍你可别说我没警告过你！你还要靠近？！我，我揍！揍不过！先溜了！君子报仇十年不晚！

核心区域——一定会发起主动进攻

狗的心理过程：天呐！你这个刁民想篡位！我赌上尊严也要和你血战到底！

为了和平而战——较量意识

每一只狗都有较量意识，在他们看来，没有一样强，只有更强或更弱。因此，强弱之分对于他们来说，特别重要。

● 较量≠打斗

这里要强调一下，较量并不等于打斗。

狗其实并不喜欢打斗，他们只有在不得已的情况下，才动用武力。就像人有文斗和武斗，狗也有一套自己的较量方式。

外表判断

在远处，他们就会根据对方的年龄、性别、体形、强壮程度来做出最初的判断。如果双方在外表上就有巨大差距，那么较量到此结束——一方对自己的高大勇猛有绝对的自信，觉得没必要再比下去；另一方觉得对方过于勇猛，自己毫无胜算，打了也对自己不利。

心理战

如果双方外表相差不大，较量就会推进到心理战阶段。在这个阶段，双方通过眼神、气场、吠叫、低吼等不断给自己制造强大的气场以震慑对方，如死盯着对方的眼睛。认输的一方会用转移视线、扭头、转身离开来结束较量。

肢体试探

当双方都对自己信心十足，有绝对把握，互不让步时，较量进入白热化阶段，这意味着斗争可能随时爆发。根据表现方式的不同，斗争又分为暗潮涌动的肢体试探和激烈异常的武斗。

肢体试探往往是指稍显强势的一方出于战略考虑，做出抬手、挤压、骑跨、闻屁股等以力量压制为主的试探动作。有效的肢体试探能很好地展现自己的态度，并摸清对方实力，甚至能直接说服对方认输。当然，这些试探可能引起被试探方的强烈不满，反而令其奋起反击，展开武斗。

武斗

武斗是较量的终极阶段，它发生在心理战之后，只要其中一方率先发起进攻，双方就会立刻展开武斗。率先发起进攻的原因有性格急躁想速战速决、受到外来惊吓、战术上想先发制人、耐不住对方挑衅、反击肢体试探等。

需要说明的是，以上的这些较量方式不是选项，而是一个必须经历的完整过程（肢体试探是视情况可发生可不发生的）：外表判断→心理战→（肢体试探→）武斗。

> 有些狗没有实力却喜欢虚张声势，他们装腔作势地应对任何场面，但却在武斗发生的那一刻，做出立刻逃跑、大呼小叫、翻肚子认输、寻求主人帮助等"暴露真相"的举动。此类情况多发生在小体形狗与大体形狗的较量中，小体形狗明知凭实力无法赢过大体形狗，就企图用步步紧逼的心理战术赢得胜利。

● 狗群内成员的较量和与陌生狗较量的意义不同

一只狗与狗群内成员较量，是为了确认等级，与狗群外的狗较量只是想一较高下。

主人应当分清狗群内和狗群外的斗争。在家里，成员 A 与成员 B 的打斗是为了确定等级的高低；出门在外，成员 A 与邻居家的狗打斗，是为了较量高下，分出强弱。

● 双方差距越大，打斗的可能性越低

一般而言，公狗会礼让母狗，大型狗会忍让小型狗，成年狗会包容幼年狗，健康狗会体谅伤残狗。弱势的一方除非频繁挑战强势方的忍耐底线，否则强势方不愿意同其发生冲突（性格/行为异常、好斗的狗除外）。

如果东西并不是那么想要，而对方看起来比自己更想要，狗也会礼让。尤其是母狗、老狗、弱狗、病狗、残疾狗、孕期狗，会获得较大的包容。比如一只骄傲的公狗愿意被母狗"骂"（吠叫），成犬即使被幼犬激怒也难以对幼犬"痛下杀手"。

不同于人类社会，狗"让对方"的礼仪，并不是因道德约束而形成的。强势方之所以不与弱势方计较过多，是因为他们对自己有绝对的自信，相信自己不论是在体力上还是脑力上都占优，即便输了，大家也能看出来是他让着对方的。

相较之下，两只体形、能力差不多的狗，因战斗力相近，战斗结果不可预测，反倒更在意输赢，不愿忍让。

● 较量有了结果，就有了和平

不管是狗群内的较量，还是狗群外的较量，只要确定了强弱，双方认可打斗结果，并按照强者支配弱者、弱者服从强者的原则行事，就不会再发生斗争，见图 1-8。

但是，很多时候我们发现爱犬同邻居家的狗打了一次，可下次见面还要打。这是因为主人的干涉（撑腰支持、强行中断）、弱势方的不服输心理（自认为没输，总是挑衅想卷土重来）、不恰当的越级行为（弱者行强者礼[1]）等，导致双方未分出明确的强弱。为了彻底明确强弱，两只狗只好打下去。

---

[1] 不同等级的狗，需要行使与之对应的社交礼仪，如弱者走在强者后方就是弱者该行使的礼仪，若弱者未经强者的授权就擅自走到强者前面，这就是弱者错误行使了强者礼仪的表现。

图 1-8　狗群内和狗群外的不同较量

那么，当爱犬与其他狗打架的时候，主人到底该怎么做呢？

两只狗打架，主人们应各自批评有打架想法的自家狗，并教狗如何正确社交。如对于更弱小的那只，主人应当教他当一个顺从者，而不是教他当领导者。若主人实在不知道该如何介入，最简单的办法就是，站在一边不插手，也不给任何情绪、语言支持，让两只狗好好打上一架。弱小的狗一旦发现主人不给予支持，便只好认怂，强势狗看见弱小狗主动认输，也就走开了。见面总打架的狗，问题常常出在主人身上。要知道，不论是直接帮狗揍对方、骂对方，还是间接地给予同情，都是在给狗支持，这会让狗觉得既然主人在帮我，那么我就应当抗争，于是变本加厉，打得你死我活。

第二章
图解狗的性格与动作表情

在上一章中,我们了解到狗的心理活动其实是非常复杂的,他们既要解决自己的内心冲突,又要维系社交的种种关系——而我们却无法通过对话来知晓。因此,要想认识爱犬,就得从细心观察他们做起,只要我们足够细心,便能从细微的外表变化,察觉出他们的心理活动。本章将从狗的身体、性格、常见沟通动作、微表情、常见状态这几个方面,带您重新认识爱犬。

认识狗的身体

我们觉得狗在夜间能看清东西,就认为他们的视力特别棒。我们习惯用嘴说话、吃饭,用脚走路,就认为他们张嘴就是咬(攻击),四肢只能跑。

对于狗,我们有太多太多的认知局限和误区,重新认识爱犬,从了解他们的身体开始。

被误解的"千里眼"

狗有比人大的瞳孔(利于收集更多光线),有比人多得多的视锥细胞(利于分辨物体和细微结构)和对弱光敏感的视杆细胞(感光化合物能对弱光作出反应),有脉络膜(利于加强影像),但这只能说明他们在黑暗中的视力比人在黑暗中的视力好,不能说明他们的视力有多好。

相反,大量研究证实,不管是成色,还是对静止目标的辨认,狗都不及正常人的视力水平。

● **对颜色的识别**

众所周知,狗是"色盲",不能像人类一样看见"蓝天白云绿草红花"这样的美丽画面。

随着对狗辨色能力的不断研究,发现除了黑、白、灰之外,狗还能分辨出紫、蓝、黄。也就是说,除了以上颜色,剩下的红、绿、青等,狗就只能看到不同明亮度的灰。从这一点看来,他们算不上严格意义上的色盲,只是没法像我们一样,看见五彩缤纷的世界。

狗的辨色能力虽然极为有限,但他们却对明亮度的辨别相当拿手。以红、绿为例,当电脑把红色、绿色的色调去除后,我们需要很认真地才能看出来一个灰偏亮,一个灰偏暗,而狗却能瞬间区别出两者,见图2-1。

图2-1 红绿灯在人眼与狗眼中的区别

> 导盲犬即使看不见红色、绿色,也能靠自己出色的识别明亮度的能力,选择正确的时候(更暗的灯亮了)带人通行。

● 对目标的可见度

狗眼睛的调节能力只有正常人的 1/5 ~ 1/3[1]。这短了一半以上的"焦距",注定他们对远处静止的目标会视而不见,如图 2-2 所示。

一般而言,狗最多只能看到 50m 远的静物[2]。这就是为什么他们总是停在原地,对 50m 以外站着不动的主人没反应——远方那个模糊的东西是什么?散发着熟悉的气味,还发出熟悉的声音,可能是熟人,等会走近看看。

图 2-2 50m 开外的房子在人眼与狗眼中的区别

狗对静止目标的表现虽然傻萌,可对动态目标却一点都不含糊:经特殊训练的狗,可以看到 1.6km 之外的行人[2],而作为普通狗,也有 800m 的可视范围。这种对动态目标的高度敏感,常让他们先于主人发现远处的异样,这也让我们产生了"狗眼睛特别厉害"的错觉。其实,在他们眼中,50m 之外的移动目标,就只是个模糊的色块——所以他们才好奇地跑过去一探究竟,或者异常警觉地关注该目标。

白天,狗对静止物体的视力表现尚且如此,就更不用提晚上了。

> 有一天晚上,帅帅在卧室睡觉,突然被开门声惊醒。我跟着飞奔出去的帅帅走出卧室,发现黑乎乎的客厅里,有一个人在门口斜靠着。走道灯光从那个人背面照射过来,以至于我根本看不清对方的面容。帅帅被这个人影吓得不轻,冲着他就是一阵狂吠。那个人不紧不慢地按下客厅吊灯开关,展现出熟悉的面容,原来是我的父亲。帅帅看见我的父亲,先是一愣,缓了好一阵才激动地大摇尾巴以示迎接。

狗在暗处虽然能比人看得更清楚,但也就是更清楚一点儿,不是清楚得多得多的程度。像黑夜背光的情况,或极度缺光的暗环境,他们也是看不清的。

---

[1] 史江彬. 犬科学饲养与疾病治疗. 安徽:安徽科学技术出版社,2014.
[2] [英]德斯蒙德·莫里斯. 狗狗学问大. 北京:北京联合出版社,2015.

用鼻子"思考"

狗鼻子当中有 2 亿多个嗅觉细胞，能够在空气中捕捉来自远方的气味分子，并进行分析。

> 狗鼻子 + 空气 = 发现敌对势力跑入自己地盘……
> 狗鼻子 + 自己尿液 = 查看自己是否健康，寻找回家的路……
> 狗鼻子 + 其他狗尿液 = 知道哪只狗刚从这经过，他的体形、个头、性别、年龄、身体健康状况……
> 狗鼻子 + 刚回家的主人 = 发现主人曾和朋友 A 见面，曾去过蛋糕店吃奶油蛋糕，遇到过隔壁邻居小狗花花，花花这家伙又快发情了……

正是因为出色的嗅觉，尤其是对汗液（汗液中的丁酸[1]）及其他特殊气味的高度敏感，狗才能承担刑侦、缉毒、搜爆和救援等任务，协助人们完成人类不可能完成的事情。

绝对出色的"顺风耳"

狗有比人更优秀的听力，时常能听见我们听不见的声音，这是为什么？是因为声音太小，我们捕捉不到吗？狗对声音的敏感性那么高，岂不是很难休息好？

● 人类听力输给狗，不仅仅是因为声音太小

声音是物体震动产生的声波，由音量、音调、音色三要素构成。我们就是通过这三要素来辨认出不同声音的。

音色是声音的品质，是一种感觉特性，如大提琴的音色低沉浑厚，二胡的音色柔美抒情。狗对音色的辨别能力与人差异不大，但却在音量和音调的辨识方面，明显胜人一筹，因此，他们能听见许多我们听不见的动静。

狗能听见更远的声音

曾有人对狗可听低音声源的距离范围做了试验。结果表明，在相同的变量（影响因素）下，人只能听见 6m 内的低音，但狗却可以听见 24m 远的低音。也就是说，前方 20m，一对情侣以正常音量交谈，人能看见嘴在动，却听不到在聊些什么，而只要狗想听，就能听见每一字每一句，只不过他们听不懂，也不感兴趣。

至于狗具体能听到多远的动静，就众说纷纭了。有人说是几百米，也有人说是几千米——我们无法进行评判，就像几千米外引发了一枚炸弹，人处于安静的室内听见了，并不代表人的听力范围就高达数千米。即便如此，笔者还是总能听闻一些藏区牧民说自家狗能在夜间听见五六公里，甚至十几公里之外的狼来了，大概是藏区空旷，声音污染少的缘故吧。

---

[1] 对丁酸的敏感性让狗能轻易找出主人六周前摸过的未被污染的东西，追踪四天前留下的足迹上百公里。

人的听力下限是 0 分贝，即微风吹落树叶发出的沙沙声，那么，狗的听力下限是多少呢？答案是，很遗憾，现在还没有相关研究能得出结论。因为 0 分贝的"0"标准是以人能听到的最小声音的分贝数设定的，至于比 0 分贝更小声的声音，像一粒沙的滚动声，我们听不见，仪器也没法测定（环境音的声音甚至会高出这粒沙的滚动声），我们甚至没有办法来判定狗是否能听见这些声音。所以，我们无法从声音音量的角度去描述狗的听力。

狗能听见的音域范围比人广

声音的高低（高音、低音），由"频率"（frequency）决定，频率越高音调越高（频率单位 Hz，赫兹）。科学研究表明，人的听觉范围在 20~20000Hz，而狗的听觉范围在 15~50000Hz，俄罗斯甚至有研究指出一些狗可听见高达 100000Hz 的声音❶（见图 2-3）。

图 2-3　人耳与狗耳的听力范围

也就是说，狗能听到人听不见的一些次声波和超声波。当一只听力正常的狗和主人在散步时，主人听见鸟叫、车鸣，狗却听见鸟叫、车鸣、虫爬、蝙蝠叫等。

● 睡眠时忽略熟悉声音，警惕陌生声音

在陪伴人类的漫长岁月中，狗大多数时间都在扮演看家护院的角色。不论白天还是夜晚，他们都在兢兢业业地工作。醒着，他们发现异常，睡着，他们照样发现异常——一点小动静就能让他们瞬间脱离睡眠状态。这样一来，他们还能好好睡觉吗？当然可以！

图 2-4　狗在睡眠时会忽略熟悉声音，警惕陌生声音

如图 2-4 所示，狗在休息时，会很好地过滤掉那些熟悉且令他放心的声音，如主人的说

---

❶ [英] 德斯蒙德·莫里斯. 狗狗学问大. 北京：北京联合出版社，2015.

话声、锅碗瓢盆声、音乐声等，因此，这些声音无法干扰到狗的睡眠。相反，不熟悉或令他不安心的声音，如主人突然的喊叫声、陌生人的脚步声、玻璃破碎声等，会打断他们的睡眠。

这就是为什么我们在屋里走来走去，拿手机看视频，他们都能安安稳稳地睡觉，而门外有我们没察觉到的脚步声时，他们却能突然从梦中醒来。

忙碌的嘴

人有灵活的双手，但狗没有。除了吃、喝、咬、沟通这些常规功能，狗嘴还要担起"手"的功能。

狗嘴巴虽然只能做咬合动作，但具备吃喝、沟通、抓痒、拿取、推、攻击等功能（见图2-5），下文将详细介绍除吃喝、沟通、攻击这些基本功能之外的很重要却容易被忽视的功能。

图 2-5 嘴的功能

● 他们不是在咬自己，只是在挠痒痒

狗用嘴对着自己的前肢、后腿、背部或其他地方，轻轻地快速反复闭合门齿（两颗獠牙之间，横着的那排牙），安静环境下，我们甚至能听见吱吱声。

这是他们在用嘴抓痒，轻咬能起到人手指头抓挠的作用。

- **他们不是在咬东西/人，只是在拿东西/拿开把自己弄疼的手**

说起拿东西，我们能立刻想到大金毛用嘴叼着菜篮子回家，拉布拉多咬着玩具球往回跑的场景。

但是，拿东西可以是"把东西拿来"，也可以是"把东西拿开"。如，爱犬把喜欢的东西（心爱的玩具）拿来，把讨厌的东西（弄疼自己的手）拿开。下面的例子，就是帅帅试图用嘴拿开我的手以挣脱困境。

> 帅帅讨厌水，更别提蹚水过河。有一次，他面对湍流的河水，抗拒过河。百般鼓励无果后，我只好拉着他的一只前掌，强行拖他走梅花桩。越接近梅花桩，他反抗越激烈，我也拉得越有力。临近河边时，被逼到绝境的帅帅直接用嘴巴"咬"我的手，然后趁着我换手的空隙，逃到一边站着注视我。

这个功能很容易让人产生误会。尤其是狗尚小，还不知道使用怎样的力道同人相处时，容易在玩乐中弄疼人，让人误以为受到攻击。那些没有与小朋友相处过的狗，也容易用对待成人的力道，来移开拉扯尾巴或弄疼自己的小朋友的手或脚，导致小朋友幼嫩的皮肤破损，从而形成"咬人"的假象。

- **他们不是在闻东西，而是想把东西移开**

> 帅帅有一次不断用嘴和鼻子拱装满滚烫白开水的盆子，直到把盆推到座位底下才安心。

有时候，狗无法用嘴咬着将东西拿开，就会用鼻子和嘴，像猪拱地一样，将东西移开。比较常见的被"拱"对象有食物盆、被子、虫子等不能或不敢咬的东西。

事实上，"拱"（或作"推"）是掩埋动作的延伸。狗会将多余的骨头埋进土里，并用鼻子和嘴把土覆盖回去。如今，宠物狗不再面临饥饿，因此，我们很少看见他们储藏食物，掩埋就从最初的储藏食物，逐渐发展为包裹物品、掀开被子、挪开讨厌的东西、推醒熟睡的主人等功能。

特别保护对象——尾巴

大家都知道，尾巴是狗表达情绪较为直观、重要的器官之一，我们能从尾巴的指向、摆动的幅度和频率，直接判断出他们的心思（详情见本章细微动作图解）。

狗尾巴在社交方面有两个作用：视觉信息、调控气味。视觉信息就是，狗仅通过看到在远处摇晃的狗尾巴轮廓，便可判断支配关系。而调控气味是指狗在近处，用尾巴调节肛门腺气味的散发程度，来达到社交目的，如尾巴向下夹紧，切断气味源，进行自我保护。砍断狗的尾巴就是切断了狗最重要的交流方式，断尾狗因此总在社交上吃瘪——他们不仅会被其他陌生狗小心翼翼地对待，还很容易因被误解而遭到出乎意料的攻击。

大家还知道，尾巴是狗的平衡器，那些被断尾的狗，在走路时，很难像普通狗一样直着身子行走（他们常歪着身子走或常走歪）。尤其是疾跑、急转弯，由于没有尾巴的调控，他们没法像普通狗那样迅猛和利索。

但很少有人知道，尾巴是狗的弱点：猎犬追捕猎物时，尾巴容易被暗器夹住；两犬相争时，尾巴容易被对手咬住；工作犬执行任务时，尾巴容易被铁丝或灌木勾住……尾巴是狗的把柄，一旦被抓住，便难以脱身。因此，狗会格外保护尾巴，不让陌生人触碰，也不愿意让等级低于自己的熟人触碰。

> 有人会以狗尾巴是狗的弱点为由，"好心"地替狗断尾，这就像怕摔倒而截去双腿一样，本末倒置。一些狗种，则是因为政策和审美，被不人道地断尾，如英国牧民为了避税，将英国古代牧羊犬断尾伪装成羊，混在羊群里。至于为什么会出现断尾，公元1世纪的罗马农学家柯路美拉（Lucius Junius Moderatus Columella）在其书中记载，断尾可以避免狗得狂犬病——现在看来，这显然是无比荒谬的——但这个观点在生物科学落后的时代，产生了极其重要的影响。千年后，尽管科学证实了狂犬病与断尾无关，可此时，断尾已经被人们以各种各样的误解和理由广为流传，且不可遏止。

认识狗的性格

性格坐标图

内向、勇敢、善良、狡猾、活泼、热情、亲切……这些形容人类性格的词语也同样适用于狗。我们可以参考人性格的描述方式，来快速了解自己爱犬的性格。为了简单快速地对号入座，笔者按狗的性格倾向（内向、外向）与行为模式（冲动、谨慎）这两个维度，以坐标轴的形式表示出来（见图2-6）。

横坐标表示狗的气质，越往右代表越外向，越往左代表越内向。
内向：安静，离群，喜欢独处，不喜欢接触陌生人、陌生狗或陌生事物，与外界总保持一定距离。
外向：热情活泼，合群，善于交际，乐于接触陌生人、陌生狗或陌生事物，对外界怀有浓厚的兴趣。
纵坐标表示狗的行为模式，越往上代表行事越冲动，越往下代表行事越谨慎。
冲动：缺乏思考，做事鲁莽，不考虑后果。感情抒发特别强烈，理性控制很薄弱。
谨慎：善于思考，细心慎重，会考虑后果。感情抒发不强烈，理性控制很强。

A区

A区是外向且冲动的性格，多表现为蠢萌的开心果。活泼热情的他们喜欢充分解放天性，不喜欢顾虑太多，开心第一，给人"今朝有酒今朝醉"之感，颇有一副乐天派的样子。每天乐呵呵，散发着很强的感染力，特别容易让同伴也变得开心起来。不过，他们按照自

图 2-6　性格坐标

己的相处模式同人、事、物相处时，不太顾及他人的感受，往往会做出超过对方接受度和承受度的事情，引出麻烦，在开开心心玩耍的过程中，不知不觉地就把"坏事"顺带给做了。如热情似火地打招呼，却吓到路人。

B区

B 区是内向且冲动的性格，多表现为好静的冒失者。一般情况下，他们总是安安静静的，不惹事，看起来一副岁月静好的模样，一旦遇事，他们就容易情绪失控，表现出明显的内心情感，这个情感可以是正面的，也可以是负面的。如突然遇到一只比自己体格大很多的狗，不管对方是否有恶意，隔着远远的距离，就开始狂吠、狂奔不止。这种判若两狗的状态，有时会给人以神经质的感觉。典型的外强中干，需要主人的加倍呵护。

C区

C 区是内向且谨慎的性格，多表现为谨慎的和平主义者。他们有敏锐的洞察力，防备心强，不轻易敞开心扉，和外界总是保持一定距离。由于他们总想最大限度地保护自己，而显得有所保留。不想让自己陷入有害局面的心理，导致他们只在绝对安全的环境里，才卸下防备心。因常常漠视他人/事/物，给人一种高冷感。强烈的自我保护欲促使他们成为和平爱好者，"人不犯我我不犯人，人若犯我我尽力忍"，一旦发怒，后果都比较严重。

D区

D 区是外向且谨慎的性格，多表现为睿智的领导者。他们往往是自我意识较强、反应灵敏、充满自信、积极进取、处世圆滑、骁勇善战的。他们善于思考，遇事冷静，常三思而后行，从不做没把握的事。强烈的集体感，使他们在特别看重狗的社交制度的同时，自己也严格遵守制度。因为对自己有绝对的自信，从而表现出争强好胜、不易屈服的特性，有战斗经验的狗还能轻易地判断出对方的优劣势，并快速制订出有效的作战方案。这些不可多得的特点使他们在狗群里多扮演"头狗"的角色，有一种威严感。如果养到这种性格的狗，主人需要较长时间的"斗智斗勇"才能彻底降服他——而他一旦认可主人为"头狗"后，就会成为异常忠诚的伙伴。反之，它很容易"骑"到主人头上，然后因等级、待遇的不对称而感到不公，表现暴躁。

性格的养成

和人一样，每只狗都有独一无二的性格，不同的性格让他们遇事有不同的反应。

> 面对一个陌生人善意的呼唤时，热情奔放的狗会快乐地向陌生人摇尾跑去，稍作互动后，甚至会激动地扭着屁股把尾巴摇得更欢；而高傲冷酷的狗会站着不动，远远地看着那个陌生人，在没有温饱等生理需求的情况下，他会皱着眉头思考，甚至是毫不思考就转身离开。

由此可见，性格差异会最直接地体现在行为差异上。弄明白一只狗的性格，能更容易明白他的内心想法。那么，狗的性格是如何形成的？它会和人类一样，分为先天和后天吗？

● 基因是性格的胚胎

不论是什么品种的狗，都共享了一套狗的基础基因。在基础基因之上，不同品种的狗，又有不同的狗种基因，而每一个个体，又有其唯一的基因（见表2-1）。这就是我们为什么说，贵宾犬活泼、聪明、敏捷，金毛寻回犬喜欢运动还相当贪食，德国牧羊犬独立、自信、服从性高，但却也会碰到反应迟钝的贵宾、成天懒洋洋不想动的金毛和胆小怕事的德牧。

这些天生的性格是基因所赋予的，如果单纯地任由基因发展，而不考虑后天的生活环境，基因特征会体现得越来越明显，如天生反应迟钝的狗，反应会越来越迟钝，天生暴躁的狗会越来越暴躁。

● 表2-1 常见犬种性格特征一览表 [1]

犬种	常见性格特征	常见问题
贵宾犬	活泼、敏捷、聪明、优雅	缺乏安全感，易吠叫，易神经质
吉娃娃犬	警惕、勇敢、敏捷、优雅、黏人、占有欲强	对主人表现出强占有欲时，易嫉妒；勇敢不畏惧，易主动挑衅、打斗；易神经质
博美犬	待人友善、热情、警惕、好奇心强、黏人、爱撒娇	过分依赖主人，缺乏陪伴时容易撕咬家具；易神经质

---

[1] 人们为什么要培育纯种狗？为什么说纯种狗的诞生对狗来说是一场灾难？详细内容可见文末的后记。

续表

犬种	常见性格特征	常见问题
比熊犬	性情温顺柔和、阳光活泼、敏感、顽皮、待人友善、易满足	活泼好动，易咬鞋、袜、家具等东西
威尔士柯基犬	温和憨厚、自信稳健、理智、胆大、机警、倔强	脾气倔强，幼时若没做好服从性训练，长大后较难纠正
英国/法国斗牛犬	大方勇敢、坚定而有威严、有耐力及意志力、强壮、富有野性、待人亲切忠实	好斗，由于咬合力很大，再加上野性，打红眼时很容易出现越打越兴奋，咬着对方不愿意松口、往死里打的现象
柴犬	活泼、好动、机敏、爱捕猎、不服输、好强、忠实、服从性高、忍耐力强、情感丰富、独立	不喜欢被他人触摸，抗拒洗澡；小心思多，想着法儿地为难主人、拆主人招
中华田园犬	温顺忠实、热情友善、聪明机警、善察言观色、懂事、格外忠诚、谨慎	过于机敏，对不利于自己的一面特别敏感，因而显得保守而易退缩
萨摩耶犬	充满活力、调皮、活泼开朗、机警但不多疑、待人友善、乐天派、我行我素因而服从性差	拉雪橇出身，精力特别旺盛，易咬玩具、瓶子、塑料袋等小物品
西伯利亚雪橇犬（哈士奇）	待人友善、独立、充满活力、机警但对人缺乏守卫意识、神经大条、个人意识强因而服从性差	拉雪橇出身，精力特别旺盛，运动不足时易拆家
阿拉斯加雪橇犬	自由散漫、服从性及纪律性差、稳重、忠诚、亲近人、好奇心重、爱探索	拉雪橇出身，精力特别旺盛，运动不足时易拆家
边境牧羊犬	温顺、敏锐机警、聪慧敏捷、忠诚、热情、学习能力强、理解力强、服从性高、易于训练	陌生环境下，与陌生人、陌生狗打交道时，容易显得胆小，易受惊吓
德国牧羊犬	聪明、服从性特别高、忠诚度特别高、活泼、机警敏锐而充满活力、敏捷、好奇心重	可能有先天遗传缺陷，如脆弱的个性、过分的神经质、神经性撕咬
金毛寻回犬	开朗、聪明、贪吃、喜水、忠诚、脾气好、喜与儿童玩耍、待人善良友好，但公犬对其他犬只有较强的好胜心	特别喜水，不爱干净，容易下水或下泥潭玩耍弄得一身脏；精力旺盛，喜欢咬小物品，运动不足容易拆家
英国古代牧羊犬	温顺随和、憨厚、待人友善，特别是对小孩，很有主见、特别黏人、机警、略胆小	机警又胆小，导致容易被不对劲的事情吓到而过度反应，做出不断吠叫、逃跑等行为
罗威纳犬	坚韧沉稳、自信、服从性高、自我意识强烈、对暴力的反抗意识强烈（特别是德系罗威纳犬）、反应较迟缓、兴奋度持久、占有欲强、警觉性高	守卫意识特别强，对恶意入侵者特别凶猛，如果错误认为对方是恶意入侵者，容易造成很严重的伤人后果，特别是德系罗威纳犬，攻击性强，受到侵犯时容易发生咬人事件
拉布拉多巡回犬	贪吃、温顺、平稳、大气不容易嫉妒、热情活泼、好动、待人友善，特别是小孩	淘气，喜欢啃咬小物品

● **成长环境塑造性格**

玉不琢，不成器——后天环境对性格的影响如同玉石雕刻师对于璞玉的作用。性格的基因部分虽然无法改变，可经过后天的打磨，性格也可以变得和天生的完全不同。比如，天生反应迟钝的狗，在经过长期的灵敏度训练之后，会变得机警。天生胆小怕事的狗，也能通过成长，变得临危不惧❶，如图 2-7 所示。

> 帅帅一出生就表现出很强的社交能力——两个月不到就敢同四五十公斤的"大块头"游戏。但在他四个多月大时，却被一只专门打比赛的成年比特犬突然追赶并撕咬，造成颈部多处创伤，严重失血到几乎命丧黄泉。因为这次突然的不幸遭遇，康复后的帅帅在接下来的时光里，只要看到比自己体形大的狗向自己走来或跑来，都会害怕不已。尤其是体形和外表越接近咬他的比特犬，他就越怕，甚至有过一边嚷嚷呼喊救命，一边屎尿失禁的场景。

为了消除帅帅的心理阴影，我不断尝试让他循序渐进地和行为良好的"大块头"接触，不同的"大块头"给了他不同的社交体验。经过一段时间的"强迫式"见面，帅帅才重新找回社交信心。

郴州·古南岳回龙山·回龙仙寺

一只从小由僧人养大的流浪狗，耳濡目染僧人吃素，因此他拒绝吃肉，只吃素食（米饭和青菜），长时间的营养不均衡导致狗身体瘦弱。有游客见其可怜，会好心拿出一些肉喂食，但他均不吃，反倒会咬食旁边的蔬菜饼。

图 2-7　不吃肉只吃素的狗

狗的常见沟通动作

尽管越来越多的狗在与人的相处过程中，发展出独特的表达方式，如站立拥抱、跳舞、拜拜、单腿跳跃等，但他们只能在家庭内部交流。倘若爱犬把家中的交流方式带到其他狗面前，一脸不解的狗伙伴一定会觉得他疯了。

---

❶ 很多人误以为绝育会彻底改变狗的性格，于是通过绝育来修正狗的不良行为。事实上，绝育虽然改变了狗体内的性激素含量，多多少少影响到狗的身心，但每只狗因性别、年龄、体质、性格、意志、手术等情况不同，术后的性格变化也是截然不同的——有暴躁变温和的，也有温顺变狂暴的，甚至还有前后无变化的。此外，狗应对被绝育这一"重大生活打击"时，心态也各不相同——一些狗会因此不再信任主人、憎恨主人，甚至出现高攻击行为，而另外一些狗反倒举止收敛，更加亲近主人。因此，绝育和不良行为之间并没有直接的、确定的关系，对于爱犬的种种不良行为，养教和训练才是最有效、最根本的办法。

通过相处,帅帅明白了拥抱。他会用拥抱向家人表达爱意,但他从来不对外人、狗、其他动物做这个动作,因为这只是在家庭内部适用的表达方式(见图 2-8)。

图 2-8　拥抱

因此,狗之间的沟通行为,就一定是每一只狗都能看懂,并且也会使用的动作。

作为主人,我们虽然感受不到他们的化学信号,也听不懂他们的聊天内容,但可以通过观察这些动作,来得知他们的情感传达和需求表达。

下犬式

当一只狗把前半身趴下,屁股翘起,轻摇尾巴时,不管他是对着人、狗,还是一只青蛙、一个玩具球,都是在邀请对方同他一起玩耍。

如果对方没注意到邀请动作或犹豫不决,迟迟未答应,他还会大叫几声,引起对方注意加强邀请,催促对方快点做出回应。

有时候我们会看见邀请玩耍的狗,在做这个动作时,**头抬得稍微偏高于重心(图 2-9 右图较左图抬得更高),四肢有力地支撑着身体,做出随时起身的姿态**,仿佛田径运动员在预备状态下,等待比赛开始枪响的那一刻。此时,他是想邀请对方玩追逐游戏,若对方

图 2-9　左:邀请玩耍;右:邀请玩耍并准备起跑

接受了邀请，却没开始奔跑，他就会主动起身开跑。

骑跨

好多人会误解骑跨，以为骑跨只发生在公狗与母狗交配之时，当他们看见同性狗相互骑跨，便笑道这两只狗是同性恋，看见母狗骑跨公狗就满脸吃惊道母狗太不知羞耻。

其实，骑跨除了交配（公狗骑跨发情母狗）、病痛（尿路感染、皮肤病）等生理需求之外，还发挥着极其重要的社交作用。因此，**骑跨是不分性别、不分年龄的，它可以发生在任何狗之间，也能发生在狗和物品之间。**

> 由于骑跨会因对象（狗、人、物品）、环境、心情的不同，而表现出截然不同的含义，因此，骑跨是社交行为中最复杂，也是最重要的动作。狗主人在看到爱犬骑跨时，需要根据实际情况做出相应的判断。

● **表达等级高低，体现支配**

第一章中详细说明了等级制度在狗社交中的重要地位，而骑跨就是等级关系确认中较常见的手段。

等级高者，骑跨在上，等级低者，被骑跨。按照这个规则来看，图 2-10 从左至右，地位等级越来越高。

这种情况一般发生在等级建立或变动之时，如陌生狗初次见面；双方实力相差无几，谁也不愿意屈服，导致很久都没确定等级；本已确定了等级，因其中一只狗又发起等级试探；等级制度正在觉醒的幼犬对着人腿，尝试建立与人的支配关系等。

图 2-10　多狗骑跨

● **纯粹游戏**

无关乎等级，只要等级高的狗愿意，等级低的狗也可以骑跨在他身上。不过一般来说，等级高的狗不太愿意同等级低的狗，特别是成犬这样玩耍。

这种情况常见于幼犬，或几只等级明确、相互熟悉的成犬之间，充当娱乐玩耍的游戏。有时候也可见尚无等级意识的幼犬分不轻状况，抱着人腿玩耍（此举动需要主人及时制止）。

- **体现占有**

    和体现等级及支配不同，此时的骑跨对象通常不是狗，而是具体的某个物品，如玩具。

    主人可以通过取走该物品，看爱犬是否表现出不满来判断：若爱犬不满，则说明这个物品已被爱犬强占。此外，也可以通过让等级更低的狗靠近这个物品，看此举是否会引发爱犬对物品的保护来判断。

- **发泄高涨情绪**

    当狗的情绪高涨，又无处发泄时，他就会选择用骑跨来消耗这些多余的能量。比如主人一直拿着玩具熊逗爱犬，引得爱犬有强烈的游戏欲望，可在此时，主人却要接电话中止游戏，狗因无处发泄这股兴奋劲，就会找这个玩具熊或者其他物件骑跨。又比如被主人批评之后，爱犬将负面情绪发泄到玩具熊上。再比如性压抑过久的公狗，会通过骑跨狗或枕头来宣泄不满和焦虑。

- **调节紧张情绪，缓解压力**

    人在紧张时，用听音乐、深呼吸来解压，狗在紧张时也会想各种办法来缓解压力。他们通常运用的办法有打哈欠、舔胡须、调节呼吸、转头、回避眼光、甩毛、运动等（见图2-11），而剧烈的骑跨就是运动的方式之一，这类似于人们通过跑步来消耗多余的能量，以达到减压的效果。由于高涨的情绪很容易让神经变得紧绷，从而产生压力，因此用骑跨调节紧张和用骑跨发泄高涨情绪会结伴出现。主人需要根据具体情况去判断，爱犬到底是在发泄高涨情绪，还是在调节紧张情绪，抑或两者都有。

图 2-11　小狗用转头、回避大狗的目光来缓解压力

- **患心理疾病**

    有心理疾病（如强迫症）的狗也可能会做出骑跨动作。这和一些人不把东西弄对称，就觉得十分膈应一样，他们不骑跨就不爽。

患强迫症的狗会不断重复相同动作，如转圈、抓挠、骑跨、咀嚼等，当主人发现他们在没有任何表达需求的情况下，不断重复某一或者某些看起来毫无意义的动作时，请带爱犬及时就医。

抬起一只前掌

● **调节气氛，祈求原谅**

狗在遭遇批评，希望获得主人原谅时，会面向主人恳求地抬起一只"手"，并试图把爪子搭在主人身上（有时可伴随轻推）。这就像孩子轻摇父母胳膊，说"你别生气啦，我知道错了，就原谅我吧"一样，是请求原谅的一种试探（见图2-12）。

小狗在家开心地捣乱，适逢主人回家，被逮个正着。主人看见满屋子的碎片，一脸愤怒，指着小狗就是一顿批评。小狗可怜地坐着，随即抬起了一只前掌。

图 2-12　乞求原谅

可是有时候，主人并不接受他的道歉，他没有放爪子的地方，就只好把爪子悬空，看起来像招财猫一样，不断重复向前伸。又有时候，他怕火大的主人会伤到自己，不敢同主人发生肢体接触，也会隔空做出相同动作，如图2-13所示。

图 2-13　悬空抬起一只前掌

- **闻到异常感兴趣的气味**

　　狗在外玩耍,到处闻气味时,可能会遇到一些异常感兴趣的气味。这时,他会轻抬起前掌,异常专注地低头嗅着,"这是什么味道?我要好好闻闻",如图 2-14 所示。

图 2-14　遇到感兴趣的气味

　　通过观察发现,一些公狗在闻到即将或正在发情的母狗发出的性信号时(不管是在草坪上闻母狗遗留的气味,还是直接在母狗屁股处闻),都会保持这个动作很久,直到他分析完这只母狗是否到了适合交配的时机。

- **能力试探**

> 　　两只狗见面,气氛紧张。只见其中一只狗慢慢地走到对方身边,然后把前掌缓缓地放到另外一只狗的背上。

　　此时抬前掌,伴随着两只狗的肢体接触,双方呈 T 字形站位,强势方微微抬起一只前掌,将"手"搭到对方背上(见图 2-15)。若对方没怎么抗拒,强势方往往会顺势起身,骑跨弱势方。

图 2-15　能力试探

　　我们可以把这个动作理解为骑跨前的准备,意图在于试探对方是否接受自己比他强的设定。如果对方不认可强势方设定的能力高低（表现出对"手"的抗拒或抵抗），就很容易爆发肢体的正面对抗。

当主人看见爱犬做出这个动作时，要格外留意对方狗对这个动作的接受度。接受度高，双方和平相处（如爱犬欣然任由摆布）；接受度低，抬前掌可能就是战争的预警（如爱犬发出愤怒的低吼声，那么这个举动随时可能演变成一场肢体对抗）。

肚皮朝上

狗肚皮是隐私且脆弱的，把肚皮翻露，无疑是把身体的弱点暴露在外，因此，翻肚皮对狗而言，是一种慎而又慎的行为。

● 求爱抚

> 小陈一蹲下，吉娃娃就屁颠屁颠地跑到主人面前，呲溜一个翻身，四脚朝天，露出肚皮。

被主人抚摸肚皮是一件很享受的事，一旦他们发现了这个"奢侈"的乐趣（只能由人给予，狗之间无法相互抚摸肚皮）所产生的良好感觉，便会促使他们主动向主人请求抚摸，而倒地上翻肚皮就是这个请求的"申请动作"，意思是"我已经准备好啦，快来摸我！"（见图2-16）

图2-16　翻肚皮

被爱抚时，他们会享受地眯起双眼，有意地把头贴向地面，把脖子伸得更长，把胸和肚皮拱得更高，舒服得不得了时，四脚还会在空中无意识地乱踢。

如果主人在爱抚的过程中，不小心碰到爱犬的敏感部位，爱犬会因为想挠痒而不断挥动某只后腿。

● 表示友好和顺从

> 古牧乔乔在草坪上独自玩耍，对面走来一只高冷的柴犬。这是双方第一次见面，乔乔看了看柴犬，立马躺在地上，翻出肚皮。

识趣地翻出肚皮，是表达友好的方式。爱好和平、不想打架的狗会直接亮出肚皮，以显示对对方的友好。这也是即使对方比自己小了整整一大圈，乔乔也还是二话不说，倒地翻肚皮的原因。

另外，在狗群中，等级低的一方也会时常在领导面前刻意做这个动作，以强调自己的顺从（见图 2-17）。

图 2-17　表示顺从和友好

注意，表示友好并不代表"我是弱者"。成年大狗想同小狗玩耍，而小狗因害怕不敢靠近时，大狗也会翻出肚皮表达友好，鼓励小狗参与玩耍。大狗不会因为翻肚皮而变成弱者。

不过，**乐意主动表示友好的狗，一般都不那么在意自己的强弱和等级的高低**。因此，很少有狗会同主动翻肚皮的家伙打架（见图 2-18）。

图 2-18　乐意翻肚皮的狗不容易打架

● **表示投降或被要求投降**

> 一只中型犬和一只小型犬在路上相遇,相互打量后,谁也不服谁,他们只好用拳头分高下。刚开始,小型犬利用体形优势,灵活应对,可不一会儿,悬殊的体形让中型犬占了上风。小型犬因体力不支,被中型犬按在地上,小型犬见自己已无还手之力,只好翻转身子,亮出肚皮。

不得已翻肚皮,往往只发生在犬只武力斗争中,表示"不打了,我投降"的意思,和举白旗意义相同(见图2-19)。

图2-19 表示投降或被要求投降

在狗的社交礼仪当中,有一个不成文的君子规定——露出最脆弱的肚皮就要点到为止,终止斗争。因此,我们能看见双方刚才还打得如火如荼,就亮肚皮的一会儿工夫,他们便和平分开了。

> 一般情况下,狗都会遵循这个规定,但特殊犬只例外,他们看见对手翻肚皮认输,不但不停手,反而会加重施暴。如兴奋程度特别高的比特犬、性格火暴藐视"狗"义道德的狗等。

然而,有些性格倔强的狗,即使打不过对方,也不愿意投降。这时,强者就会强行帮他翻肚皮,告诉他快点投降。如果弱者依旧不认输,甚至还在不断反抗,那么强者就会把嘴放在弱者脖子上,做出张口的样子,轻咬皮毛,这是强者在告诉对方"你的命脉已被我掌握,你只能乖乖投降"。

> 强者张口对着弱者脖子"咬",是强者模拟狩猎中扼喉的动作,意为"你再不认输,我就要置你于死地了!"一般情况下,强者并不会真正咬下去,只会用牙齿碰一碰弱者的毛发和皮肤,表示点到即止(双方打得特别激烈时,可能会造成伤口)。

舔舐

小狗从狗妈妈肚子里钻出的那一刻起,就想要感知世界。然而,此时的他们,没法用眼睛去看世界,也没法用四肢去闯世界,只能在狗妈妈的爱护下,小心翼翼地接触世界,就这样,妈妈的舔舐,融着浓浓的爱意,一直伴随着幼狗的成长,成为他们打开世界最初,也是最甜蜜的钥匙。从此以后,小狗渐渐地也学会了舔舐(见图2-20)。

图 2-20　舔舐

- **表达爱意**

狗最早接触到的舔舐,就是狗妈妈的母爱,因此,狗学到的第一个舔舐的意义就是表达爱意。

一般来说,他们是通过舔对方嘴来表达爱意,如母狗舔小狗嘴(胡须两侧),小狗舔母狗嘴(下颌或嘴的正中间),宠物狗舔主人嘴等都是在传达"我爱你"。

有趣的是,自由"恋爱"的两只狗,更容易相互舔下巴来调情,向彼此表达爱意。

> 乔乔特别喜欢一位阿姨,他对这位阿姨的喜欢丝毫不亚于对家人。甚至,在表达爱意方面,高于家人。因此,每当乔乔看见她,就总要想办法偷"亲"她一回。阿姨蹲着,他就直接把嘴凑过去"亲"。阿姨站着,他就围着阿姨转圈,然后找到机会跳起来偷"亲"。

- **饿了,乞求食物**

狗妈妈在外觅食,会将食物用嘴衔着带回家里,小狗闻到妈妈嘴里的香味,开始用舌头不断地舔妈妈嘴巴,企图能吃到食物。

所以,当爱犬下一次舔你的嘴时,也许是想告诉你"我饿啦,快给我吃东西",而不是"我爱你"。

- **撒娇、求饶**

小狗做错事情后,会用舌头舔大狗的嘴,希望通过这个"谄媚的"(表达爱意)举动来逃脱惩罚,所以,舔舐也被赋予了撒娇、求饶的含义。

因此，擅长撒娇卖萌的爱犬，遇到主人心情不好可能要拿自己撒气、自己做错事被发现、自己做得不好要被其他狗责罚等不利形势时，就容易用舔舐来求饶，以逃避责罚。

- **表达顺从**

和主动翻肚皮表达顺从一样，低等级狗会舔高等级狗的嘴巴，以表达顺从（见图2-21）。

图 2-21　左狗对右狗表示好感和顺从

- **想去除干扰气味**

狗用鼻子分析气味信息，来确认周围环境是否有异样。当家中有明显的干扰气味时，他就会用舔来消除异味，以保证环境气味的干净清爽。

这些干扰气味可能是家人的口臭、狐臭、脚臭、汗臭，也可能是自己身上的尿液、精液、狗伙伴的口水散发的气味，还有可能是地板上的异味等。

- **疗伤**

狗唾液中因含有溶菌酶等成分，具备一定的杀菌作用，所以，狗舔舐伤口有利于伤口的愈合。出于本能，狗会舔舐伤口，为自己或他人疗伤。

舔舐虽然能杀菌消毒，但只对部分细菌、部分病毒有效。若伤口不是被这些细菌和病毒感染的，那么舔舐不但无助于愈合，反而会导致恶化。因此，主人在帮爱犬处理特殊伤口时，要注意他对伤口的舔舐。

- **获取信息**

有时，狗会对着草坪上的液体闻，闻得不够还要舔一舔。有时，公狗会舔一舔即将发情的母狗屁股。有时，狗甚至还会舔一舔自己的尿液。

通过舔舐，他们能准确获取想要知道的信息：哪只母狗什么时候适合交配、自己的身体是否健康、刚在这留下信号的狗是谁……

狗舔主人嘴巴和舔狗伙伴的不同意义如图2-22所示。

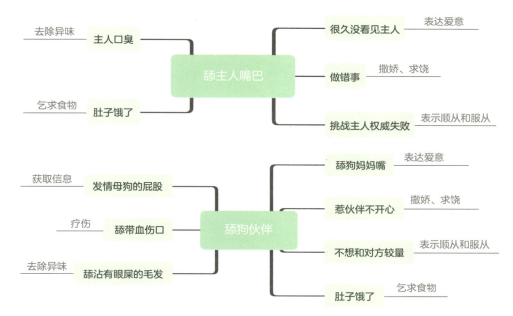

图 2-22　狗舔主人嘴巴和舔狗伙伴的不同意义

叹气

如果和爱犬近距离生活，不难发现他们会时不时地吐出一口气，听起来和人们叹气一样。

狗叹气，有时候只是单纯的生理换气，如剧烈运动后，站着呵出一声短促的换气声（听起来像我们用气音发出的短促有力而低沉的"喝"）。有时候，是他们的情绪表现。

> 帅帅原本躺在凉快的地板上午休，后被我命令上床，数次抗议无效后，他不得不卧在热烘烘的床上，长叹了一口气。几分钟后，帅帅下床回到凉快的地板上，只见他靠墙滑着躺下后，又长叹了一口气。

● **表示无可奈何**

> 帅帅不情愿地卧在热烘烘的床上，发出无可奈何的一声长叹："唉——"。

狗想做某事而不得，或不想做某事而非得做这件事时，会无可奈何地长叹一口气，类似于人们在无奈状态下发出的感叹，"唉！没办法，只能这样了！"

很多人把这种长叹解释为"我放弃了"，其实是不准确的。因为该解释虽然能说明"爱犬拿着玩具找主人玩，主人不理，只好放弃玩玩具而叹气"，却不能解释"主人强制要求爱犬玩游戏，爱犬被迫玩游戏而叹气"。"我放弃了"是一种行为决定，而不是情绪，也就是说，爱犬先是感觉到"无可奈何"，才做出了放弃玩游戏的决定，同样也是觉得"无可奈何"，才被迫听从主人的命令——本质上来说，**长叹是一种情绪的表现，而非行为上的表现**。

- **表示心理上的满足**

> 帅帅回到凉快的地板上躺下,满足地发出了一声长叹:"舒坦——"

当狗放松、身心愉悦时,会因满足而长叹一口气,类似于人们酒足饭饱后躺在沙发上,发出满足的长叹:"舒坦——"

不同于无可奈何,此时的长叹一定是因为爱犬得到了满足或倍感舒服,主人可以通过事发情景去判断,他是否正满足于眼下,也可以通过爱犬的面部表情去判断——满足状态下的他们,常常会把眼睛半眯或全闭上,一脸放松,看起来很享受的样子。

碰鼻头

> 两只原本认识的狗,有一段时间没见面。今天相遇,他们没有立刻开始玩耍,而是相互碰了碰鼻头。

和"你吃了没?"一样,碰鼻头对于狗来说是打招呼的一种方式——"嘿,哥们,好久没见啦!"

不过,狗鼻子作为较为敏感的器官之一,可不仅仅只有表示友好的作用!它还能像蚂蚁见面相互碰触角那样,传递化学物质,进行信息交流(见图2-23)。

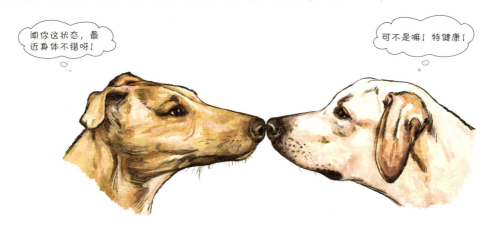

图2-23 碰鼻头可以打招呼、交流信息

闻屁股

人用名片介绍自己,而狗用气味介绍自己。

在肛门两侧约四点钟及八点钟的地方,有叫肛门腺的腺体(见图2-24)。每当狗排便时,肛门腺口会随着肛门打开,流出气味浓郁的腺液,这些腺液跟随排遗动作沾在肛门及粪便上。

图 2-24　肛门腺的位置

因每只狗的健康状态、饮食结构等不同，腺液成分也会不同，散出的味道自然各不相同。可以说，肛门腺液的气味就是狗的名片，"狗"手一张，每张都不带重样的。

正因如此，狗喜欢相互闻屁股❶，通过气味来认识彼此。这也引申出了闻屁股的另一层社交含义：给对方闻自己的屁股，表示自己的顺从和友好（见图 2-25）。

图 2-25　闻屁股和屁股附近的气味是非常重要的社交方式

当一只狗不愿意让对方了解自己，或认为对方没有资格了解自己，或出于对自己隐私的保护，或不懂社交❷时，被闻屁股对他来说就是一种冒犯。一怒之下，他可能会突然发起进攻，朝着对方就是一口或一掌。

遇到爱犬要闻对方屁股的情况时，主人需留意对方对此举的接受度。若对方落落大方地给爱犬闻，双方就能和平相处；若对方很紧张或有明显抗拒，而爱犬却依旧不知好歹地继续闻，对方很有可能会直接发起攻击。

---

❶ 还有两件与"闻屁股"相关的趣事：其一，狗喜欢闻其他狗的屁股，但并不喜欢自己被闻；其二，大部分母狗和少数公狗喜欢先闻头再闻屁股，而大部分公狗和少数母狗喜欢先闻屁股再闻头。
❷ 一些自小被抱走的狗，未受到狗妈妈的教导，也无法在玩耍中习得狗的社交，主人的不教育、错误教育或不当行为，会导致狗不知道闻屁股是正常的社交方式。

原地打转

狗在一个地方原地打转，不知转了多少圈，有时是自己的狗窝，有时是排遗之前，这是狗在睡觉、排遗前跳的舞吗？他们为什么要傻乎乎地原地打转？

● 确认安全

还没进入家庭生活之前，狗的一切生活起居都在野外。满是草的地面危机四伏——土不够紧实，可能会陷下去；地下有蛇窝，可能会被咬。

因此，睡觉和排遗前，他们要确保安全，多踩几脚，这样才能安心睡觉、放心排遗。

● 舒适度

有了安全，不舒服怎么行，作为从不亏待自己的汪星人，当然要想尽办法提高自己的生活质量和水平。

睡觉

多踩几脚，先整出身子大小的地方，再多踩几脚，这块地软硬适中，最后踩几脚，地变得平整。一番折腾后，他们对这个"床"十分满意，转而躺下，进入梦乡。

排遗

转上几圈，把附近惹狗厌的小虫子赶跑，再转几圈，用身体挪开妨碍自己的野花野草、枯枝败叶。一切妥当后，他们对这个"排泄圣地"十分满意，一脸享受地开始拉臭臭。

● 仪式

狗跟着人类开启了家居生活之后，安全和舒适的居住环境让他们远离了野外危机，在平平的地板上原地打转尽管全无功效，但这个动作还是世代保留了下来，成为了一种仪式性动作。

当一个动作成为仪式性动作时，说明这个动作已经丧失了大部分的原始作用，不再是为了确认安全，也不再是为了舒适，仅仅是习惯性动作，从心理上得到满足感。

现今，越来越多的主人会给爱犬更好的生活，那些与大自然相似的环境，又让仪式性动作恢复了原始作用。如带爱犬在树林里原地打转，不仅能令爱犬体会到仪式的满足感，还能确认环境的安全，使环境变得舒适。

有研究报道说狗在开阔的地方排泄，身体会根据地球磁场来选择排遗方向。在北半球，他们往往是头朝南屁股朝北。按照这个说法，狗排泄前转圈，是为了找到磁场方向，让自己的身体头南尾北。而当太阳耀斑爆发或地磁暴等磁场改变时，他们不挑剔方向。

地球磁场是否是原地打转的原因之一，我们无从得知，感兴趣的读者可以自己观察、自己验证。

雀跃小跑着转圈及对主人扑跳

之所以把狗"雀跃小跑着转圈"和"对主人扑跳"这两个动作放到一起说明，是因为这两个动作的意义源头一致，连起来可以组成一个完整的仪式。

在过去，狗生存在恶劣的野外环境中，每一场捕猎活动都存在极大的不确定性——谁也不知道这次出门后，回来的能有几个。为了保证捕猎的成功，并使伤亡最小化，头狗通常会挑选团队里最精壮的狗出发，这些被选中的狗往往都是最年轻气盛的。在出发狩猎前，他们会兴奋地雀跃小跑。这样做，一是表达自己因即将参与狗群最重要的活动而开心、自豪，二是调动身体的积极性，简单热个身。那些在家镇守等待食物的狗，看见同伴安全归来，会激动地抬起前肢，如站着跳舞一般为同伴庆祝。

狗成为宠物后，虽然已经没了狩猎行为，但这两个仪式性动作还是保留了下来。

在宠物狗看来，不论是自己还是主人，只要是出门，就是在进行新时代的"狩猎"。因此，得知自己要出门"狩猎"，狗会兴奋地雀跃小跑，比如在大门附近绕圈小跑，跟着主人一路小跑，在电梯里转圈小跑；自己在家守候，看见主人或狗伙伴"狩猎"归来，狗会兴奋地向主人或狗伙伴扑跳（见图 2-26）。

出门前雀跃小跑着转圈　　　　扑跳刚回家的主人

图 2-26　狗小跑着转圈和扑跳

> 虽然这两个行为对狗而言有重大意义，可是他的这种高度兴奋状态可能会不小心伤到人，如果主人无法承受这些动作，可以对他们进行教导。

歪头

打开手机，播放一些动物叫声，爱犬会认真地把头从左歪到右，又从右歪到左……歪头中的狗，总有股说不完的可爱劲儿，还带着一些"傻气"，非常讨人欢心（见图 2-27）。

图 2-27　歪头

● **表示好奇和感兴趣**

　　人们在听闻或看到一些新奇事件，好奇又想不通时，会不自觉地把头侧歪，做出思考或迷惑的表情（见图 2-28）。

图 2-28　感到疑惑时，人也会歪头思考

　　狗在听闻或看到陌生且感兴趣的对象，好奇又想不通时，也会这样，而且会把头倾斜得更厉害，看起来就是在歪头。如果这个对象一直发出声音，让他不断好奇，那么他的头就会从左歪到右，又从右歪到左。

　　这些感兴趣的对象可以是生物，如青蛙、苍蝇、兔子；也可以是物品，如一个会动的盒子；还可以是抽象的东西，如声音、发情母狗留下的气味信息。

　　因此，主人可以通过观察爱犬是否歪头，来得知他对陌生事物的迷惑度——不歪头则表示不迷惑，歪头则表示迷惑（见图 2-29）。

不歪头，对陌生事物感兴趣，但明白　　　　　歪头，对陌生事物感兴趣，但是不明白

图 2-29　歪头与否可以看出狗对陌生事物的迷惑程度

● **等待指令**

除了对陌生事物好奇而歪头之外，爱犬还会朝着熟悉得不能再熟悉的主人歪头。当主人叫爱犬时，他会微微歪头，专注地看着主人，"叫我啥事？"静静等待主人给自己下达指令（见图 2-30）。

图 2-30　微微歪头等待主人下达指令

踱步

一个人思考时，会来回踱步，我们从步子的频率和跨度、面部神态等，能判断出这个人的心理动态，或焦急，或矛盾，或犹豫不决。狗也会踱步，而且踱步频率远高于人，他们有时甚至会通过这个简而又简的动作，来向主人表达抗议。

- **表示焦虑**

　　在动物园的猛兽区，我们常看见老虎、狮子在笼子里来回踱步——牢笼空间小，猛兽无法自由舒展筋骨，于是在笼子里不停走动。

　　狗被主人留在某个房间，自由被限制时，也会做出和动物园猛兽相同的行为，即在屋里来回走动——房间空间不足，导致他们的行动被限制，狗也因此变得焦虑和无聊。踱步能帮助他们舒缓焦虑。

- **想出门玩耍**

　　有时候，狗有内急，或者发现自己喜欢的人、想一起玩耍的伙伴、感兴趣的异性在附近时，就会突然在家中着急地来回小跑，甚至在门口不断踱步转圈，这是他们知道自己出不去，但又十分想出门的表现。

　　如果这一系列的行为没能让主人注意到自己，他们就会用哼叫、主动拿牵引绳等各种各样的"花招"引导主人带自己出门。

- **表示迫不及待**

　　在和主人的所有互动游戏中，总会有一个或多个游戏是狗特别喜爱的。当主人用某句话、某个动作暗示爱犬即将玩游戏时，狗会表现出强烈的期待。因期待而踱步的狗，全身心都处于高度愉快的状态，他们用欢快的踱步来表达自己迫不及待地想同主人进行一场酣畅淋漓的游戏。如喜欢玩球的狗，一看到主人抓起球往游戏区走，就会特别开心地看着主人和球，在主人周围，屁颠屁颠地来回小跑，满心期待地等着主人把球抛出去的那一刻。

- **边界巡视**

　　边界踱步通常发生于有固定领地且有一定规模的、能自由行动的狗群当中，如建筑工地中自由走动的流浪狗群。普通饲养环境中，狗因数量、自由所限，无法维护边界，也就没有领地边界的概念，不会出现在边界踱步的行为。

　　领地对狗来说十分重要。通过尿液，他们会不断在标志性物品上做记号，以圈出自己的领地边界。日常情况下，他们会去边界踱步巡逻，而一旦有狗即将闯入自己的领地，他们会站在边界附近，不断来回踱步，向对方强调这是自己的区域范围，以警示来者。

狗的微表情

　　狗的情绪繁多，我们可以将众多情绪归结到以下三个神经状态——活跃状态、放松状态、顺从状态。

　　着重说明：此处所指的活跃、放松特指神经状态（活跃程度），并非情绪；顺从指的是在不极端的神经状态下（不是过度活跃和过度放松），听从命令所表现出的精神状态。

活跃状态

指神经兴奋状态，可以是开心激动的正向活跃，亦可以是恐怖紧张的负向活跃。活跃状态下，狗的动作幅度偏大，容易不听主人使唤。过度的正向活跃可能令狗做出狂奔、跳跃等疯狂的举动，过度的负向活跃可能令狗做出咆哮、扑咬等攻击性举动。

> 狗在收集情报、谈判对峙、打架、执行高难任务等需要注意力高度集中的场景中，由于不能错过蛛丝马迹，他们会把听觉、嗅觉、视觉等感觉器官全部调整到活跃或高度活跃状态。因此，不管刚才多放松，他们在发现有值得注意的信息时、紧张对峙时、爆发战争时、执行高难任务时，耳朵、胡须等全部表情器官以及肢体立马会进入活跃状态，从而表现出活跃状态下的样子。

放松状态

神经处于放松状态，是狗在无忧无虑的状态下，最平和的神经表现，不论是面部表情，还是肢体，都处于最轻松、最自然的状态（如睡觉时，耳朵自然下垂、尾巴自然翘起等）。

顺从状态

顺从状态下的狗，有可能是放松状态，有可能是活跃状态，但无论是什么状态，他都对自己有明显的节制——不会违抗主人命令，不会表现出失控行为，也不会表现出对命令的反应冷淡，心理和行为张弛有度。顺从状态可以表现在执行任务、装可怜求饶、游戏玩耍等众多场景中（见图 2-31）。

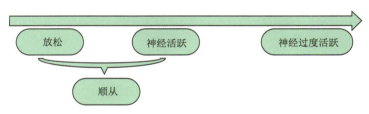

图 2-31　神经适当放松或兴奋都是顺从状态

从以上三种状态去观察狗的身体细节，我们就可以更清晰地理解他们的表情和肢体语言：他们会动用全身器官，通过各种微表情、微动作来传递自己的想法。

比较容易被直接观察到的表情器官有：耳朵、眼睛、胡须、嘴巴、尾巴等。

本文会依次介绍各个表情器官，并将常见变化——列出。不同于罗列情绪，表情器官有固定的姿态，不会因为场景的变化而不同，主人可以据此准确知晓爱犬的所思所想。

耳朵

狗耳朵的样子千千万万，总结起来主要有立耳、折耳、垂耳三种（见图 2-32）。这几种耳型，在不同的神经状态下表现各不相同。我们可以通过观察耳朵的位置（见图 2-33）、耳间距和耳尖（见图 2-34）这两种方法来进行判断。

图 2-32 三种常见耳型

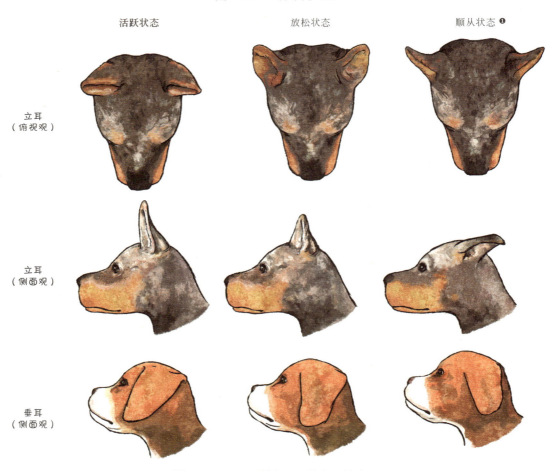

图 2-33 不同耳型在不同状态下的表现

---

❶ 顺从状态的耳朵与极度害怕时相似，区分请见 P47。

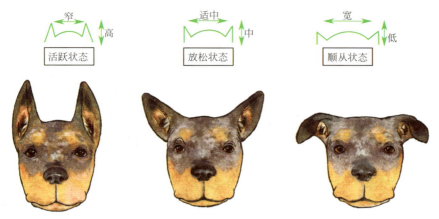

图 2-34　不同状态下狗的耳间距与耳尖

狗耳朵在外形上区别较大，特别是阿富汗猎犬、英国古代牧羊犬之类毛发旺盛的长毛狗，容易被毛发遮盖而完全看不到耳朵。如果无法正确判断耳朵状态，就需要主人多多观察爱犬的耳朵。一段时间后，就能很轻松地分辨出耳朵的状态了（见图 2-35）。

放松状态

顺从状态

图 2-35　长毛狗的耳朵状态

● 耳朵直立、有明显的倾向——活跃状态

耳朵作为声音收集器，最重要的工作就是捕捉声音信息。狗开始收集声音时，会进入活跃状态，狗耳朵有注意力集中的紧张感。

神经活跃状态下的耳朵，通常是直立的、有明显倾向的，如前方有异动，狗耳朵会明显前倾；四周有异动，狗耳朵会像雷达一样旋转寻找声源；声音是从某一侧传来的，那一侧的耳朵会朝声音转去，而另外一侧的耳朵则保持不动。即使是折耳或垂耳的狗耳朵，也会像雷达一样旋转着搜集声源信息，只是看起来没有立耳那么直观。图 2-36 为家人在帅帅的左侧方击掌，其左耳立刻转至声源方向，而右侧耳朵不动。

除了收集声音，耳朵前倾还有一种社交功能——表达自信或权威——"我比你厉害！""我是这里的头儿！"（见图 2-37）

图 2-36　耳朵像雷达一样转向声源

收集声音/信息——
前有飞虫

收集声音/信息——
留意周边，自我保护

社交功能——体现自信

图 2-37　耳朵的功能

当狗过分开心或过分紧张时，耳朵会处于过度活跃状态。过度活跃不单是耳朵前倾，还可见耳周毛发伴随竖起（背上毛发也会同步竖起，即炸毛）。炸毛加耳朵前倾，是攻击性动作的前兆，随后很可能发生追捕、进攻、打架等难以控制的行为。

- **耳朵原本的样子——放松状态**

没在工作的耳朵，会自然地垂下或竖起——耳朵原本是垂下的就是垂下，是竖起的就是竖起。主人可以记住爱犬熟睡时耳朵的样子，放松状态的耳朵和熟睡时的耳朵差不多（见图 2-38）。

图 2-38　熟睡时耳朵处于放松状态

● 耳朵后贴——顺从状态

耳朵后贴，即表现出顺从状态，意思是在向对方表达自己的顺从、友好和开心，**这是一种社交意义远大于信息收集的行为，是只有在对周边环境感到安心时，狗才会呈现的状态**（见图 2-39）。

图 2-39　耳朵后贴

值得一提的是，如果狗将耳朵拉紧着后贴，意义则完全不同。**用力将耳朵拉紧，是被迫表现出的假顺从，其实内心并不顺从。**拉紧后贴更多的是由于受到威胁，是不知所措的自我保护手段。当危险进一步逼近时，狗会采取最后的自我保护手段——主动发起进攻，或立马逃走。

单看耳朵，是不容易区分后贴和拉紧后贴的，需要我们结合狗的整体状态作出判断。拉紧后贴一定是狗在极度紧张、极度害怕的状态下呈现的（伴随瑟瑟发抖、眼露凶光、龇牙等）。如果一只狗是开心、乞求的样子，那么此时的耳朵后贴是真正的顺从（见图 2-40）。

真顺从：
耳朵自然后贴，神情放松，开心的样子

假顺从：
耳朵拉紧后贴，龇牙咧嘴，内心紧张或害怕

图 2-40　真顺从与假顺从的区别

眼睛

眼睛是心灵的窗户。狗也不例外，他们的众多情绪都能直接反映在眼神上（见图 2-41）。

不知道是与人打了太久交道导致其眼神表达多样，还是他们在变成狗之前，就是个天生的眼睛说话者。值得庆幸的是，他们大部分的眼神，我们都可以读懂。狗眼睛从来都是直接流露心声的，眼神里不掺杂任何虚假——只需一眼，即触心底。

放松　　　　　　不开心　　　　　思考（左右转）　　舒服（半眯眼）

图 2-41　常见的眼睛状态

因此，主人完全可以像和人打交道一样，按照自己的理解来获取狗的内心想法，本文在此不展开叙述。

胡须

我们所说的胡须，其实是触须的一种。触须，泛指动物身上粗短的突起，具有听觉、触觉以及嗅觉等功能，布满了神经和血管。狗身体的触须，集中分布在头部，而头部触须又主要分布在眼睛上方①、鼻子上方②、嘴巴及下巴周围③和耳朵周围④（见图 2-42）。

不同于普通毛发，这些"异军突起"的毛可以感知气流的细微变化（发现不远处有个移动的物体）、测量狭窄空间的距离（判断自己是否能顺利通过）、辅助眼睛探知过近距离的物品（查看嘴巴前的食物）等。

图 2-42 触须在头部的分布

狗在收集信息时,往往同时调动多个感觉器官:不仅需要耳朵听动静、眼睛看环境、鼻子闻味道(鼻子不断地动),还需要触须感受气流,多角度、多维度地综合分析信息。因此,触须的状态和耳朵是联动的——耳朵活跃,触须也活跃;耳朵放松,触须也放松;耳朵顺从,触须也顺从。

通常情况下(触须未被修剪或未被毛发遮挡),狗嘴两侧的胡须非常显眼,即使是狗在主人身边背对着活动时,我们也能通过胡须来判断爱犬的状态(见图2-43)。

活跃状态　　　　　　放松状态　　　　　　　　　顺从状态

图 2-43　不同状态下胡须的表现

遛狗时,如果看见爱犬胡须前倾,就应当引起注意,做出预判,以防爱犬突然暴起。

嘴巴

同眼睛、耳朵相比,嘴巴简单得多。只要记住他的两种形态,就能快速判断爱犬的状态。

无敌意时,嘴巴轻松张开,可见上唇自然垂下,唇边呈下垂外弧形,鼻子和嘴巴周边的皮肤无褶皱,看不见上獠牙(见图2-44)。如果是像沙皮狗这类皮肤原本就有褶子的犬种,无敌意时褶皱不会出现刻意的变化。

图 2-44　上唇自然垂下，唇边呈下垂外弧形

狗在受到威胁，处于害怕、紧张、愤怒等高压状态时，会主动露出上獠牙，甚至是整个牙床，鼻子周边出现明显刻意的褶皱。他用这个举动来警告并希望对方离开——"我感觉特别不好，你再这样我就要进攻了"。若对方不但没有停止，反而持续施压，他有很大的可能会发起攻击（也有逃走的可能）。

警告性吼叫和普通吠叫也是从这点上来区分的：警告性吼叫可见整个獠牙（含牙床），鼻子周围皱起，普通吠叫则没有（见图 2-45）。

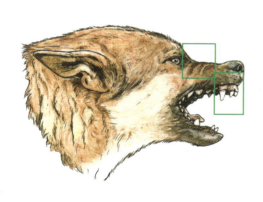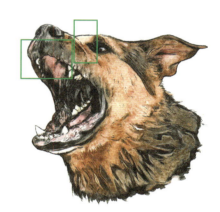

警告性吼叫　　　　　　　　　　　　　　普通吠叫

图 2-45　警告性吼叫与普通吠叫的区别

尾巴

在了解狗尾巴动作的意义之前，我们要先知道，**狗尾巴有一个"自带"的特有形态**。这个特有形态是由基因及狗自己的偏好决定的，可以在神经放松的状态下观察到。

● 放松状态

多多留意爱犬,观察他们在家里什么事情都不做时(也不在睡觉),是怎样摆放自己的尾巴的——这时的尾巴形态就是他尾巴的特有形态,也是他感到最满意、最放松时尾巴的形态。

由于尾巴的特有形态,我们在理解尾巴的动作时,要懂得根据爱犬固有的尾巴形态,变通地做出综合判断。

一只可以自由弯曲尾巴的狗,在睡觉时,把尾巴平放,醒来就按自己的喜好把尾巴卷到背上,因此我们多见他抖着尾巴圈走来晃去(因个体偏好而形成的特有形态)。展示权威时,他不竖直尾巴,而是把尾巴卷得更高,身体难受时才把尾巴垂下。

一只天生不能自由弯曲尾巴的狗,他只好任由尾巴卷曲放在背部(因基因缺陷导致的特有形态)。展示权威时,他把尾巴卷得更高更紧;身体难受时,尾巴还是卷在背上,只不过卷的圈更松了。

● 活跃状态

不同于放松状态,**活跃状态下的尾巴,给人最直观的感受就是有明显的力度感。**

有力度的狗尾巴特别灵活,不仅可以上下左右摆动,还可以任意调节摆动的频率和幅度。一个动作,因其摆动频率和幅度不同,呈现出不同的含义。如果把尾巴的每一个动作都列出,很容易让人混淆。因此,我们按狗尾巴的朝向来简单勾勒他们的心理活动,详细可见图 2-46。

说明:本书中所说的狗尾巴偏向,均为人面对狗屁股时,狗尾巴的偏向。

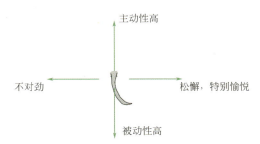

图 2-46 同特有形态相比,尾巴的偏向所表达的状态

一般来说,尾巴举得越高,表明狗对此时形势的主动性越高,主宰权越大;尾巴放得越低,被动性越高,形势越不利己。左右摆动时,越向右偏,表明越开心;越向左偏,表明越感到不对劲:

A. 尾巴笔挺竖立,有时还会轻微晃动尾巴尖,看起来像插了根旗杆——宣示主权,"我是这个地盘的老大,拥有绝对的领导权,我是不会向你做出任何,哪怕是一丁点的妥协的"。像一个帝国国王,神圣的权威不容置疑(见图 2-47)。

B. 尾巴举起,但不像 A 那么直,高度也比 A 低——表达强势,"我在这混了很久,也比你健壮,要知道,你可能打不过我"。像一个诸侯国国王,强调权威但也知进退(见图 2-48)。

C. 尾巴举起,微微朝背部弯曲,高度低于 B,尾巴随着身体的运动而上下晃动——展示自己的自信和强势,"我是最棒的,我能掌控好这里的一切,不会有意外发生的"。像一个充满自信的勇士，强大的自信让他觉得，有我在，这里一切都好（见图2-49）。

图 2-47　尾巴笔挺竖立

图 2-48　等级更低的狗，其尾巴举得更低

图 2-49　尾巴朝背部弯曲，随着身体自然晃动

D. 尾巴上扬，尾巴中端和尾端轻轻地、欢快地小幅度来回摇摆——讨好对方，希望对方被自己打动，"你看你看，我给你摇尾巴了，接受我吧"。通过讨好来请求原谅、逃避惩罚或认识一个自己感兴趣的人（见图2-50，**如果是小幅度轻轻摇摆，并不欢快，意思是表达友善，多发生在向陌生人问好的场景里，类似于人们见面微笑**）。

E. 尾巴伸直，稍向左偏，略微朝上平举——遇见威胁，判断威胁的大小，"那个人一直盯着我，要挑衅我，他想干什么，要打我吗？"判断之后，会迅速做出上前查看、原地观望、警报解除、就地逃走等举动（见图 2-51）。

图 2-50　尾巴轻快地小幅度摇摆

图 2-51　尾巴伸直，稍向左偏

F. 尾巴在背部高度左右疯狂摇摆，右甩的幅度稍大于左甩的幅度——表达难以抑制的喜悦，"主人！主人！你可算回来了！我想死你了！"。开心地左右甩尾，幅度大到屁股也跟着甩动起来（见图 2-52）。

图 2-52　尾巴左右疯狂摇摆

G. 尾巴伸直，下放至略低于背部，并向左偏——告诉他人自身状态不好，"刚才肚子疼了一下，我不太舒服"或"他要走了，我不太开心"。想告诉主人自己身体有异样，或让主人知道自己心情不太好，希望被主人关心和安慰（见图2-53）。

图2-53　尾巴伸直下放且向左偏

H. 尾巴放松下垂，没有任何左右偏向，和大腿还有一段距离——表示自己身心愉快，不太在乎外界干扰，"此时此刻的我，心情舒畅，倍儿爽！"或"这儿有好多我熟悉的气味，我要好好闻闻"（见图2-54）。

图2-54　尾巴无偏向地放松下垂

I. 尾巴紧张下垂，尾巴尖形成明显钩状——表示示弱，"你是个强者，我不如你，你别欺负我"，看见比自己强势的人或狗经过时，因为不想发生自己不愿意发生的事，所以很自觉地示弱（见图2-55）。

图2-55　尾巴紧张下垂，尾尖勾起

J. 尾巴被紧紧地夹在大腿之间——说明害怕,"我特别害怕,你别来伤害我",遇到威胁,知道自己没有一点办法,感到害怕,所以夹着尾巴蜷缩在自认为安全的角落,或者夹着尾巴逃跑(见图 2-56)。

图 2-56　尾巴被紧紧地夹在大腿之间

- **顺从状态**

除了尾巴自然放松垂下,能直截了当地体现爱犬的顺从心理,其他尾巴形态我们都不能得出"出现就一定是顺从"的结论,因为尾巴不仅可以表达心理,还有保持身体平衡、诱敌等功能,当尾巴在发挥这些功能时,有可能会出现活跃状态的样子。

常见状态图示

下面通过图片简单地展现狗常见的 10 种状态(见图 2-57)。

开心　　　　　　　　　　　不开心

愤怒或紧张　　　　　　　　警惕

图 2-57

图 2-57 狗的 10 种常见状态

第三章
日常养狗问题135解

　　不同心境的狗，应对事物的表现不同，主人应明白这些表现是否得当，并给予正确的回应。

　　本章将从狗的吃住行、社交、与主人的相处三个方面介绍行为不当的狗在进食、玩耍、会面等常见情形下的心理和行为表现，并以问答的形式为您解答异常，教您正确的回应方式及有效的解决措施。

与吃有关的问题

情景再现

我叫可可,是个贪吃鬼。

今天又是一桌子好菜,我闻着香味,口水止不住地流,屁颠屁颠地跑到桌子前,正准备偷个腥,主人就从厨房出来打断了我的计划。咦?怎么有猪筒骨的香味?!顾不得桌上的诱惑,我急忙凑到主人跟前,抬高鼻子使劲闻,果然是猪筒骨!我一路跟着主人返回饭桌,没想到主人放下猪筒骨,随即入座。这一坐杀了我个措手不及——偷吃大计泡汤了。我只好调整策略,开始"卖萌谄媚"。

主人平常最喜欢我做"站立拜拜",也最受不了我渴望的小眼神,只要我用其中一招,准能分得一杯羹。这次,我打算用眼神卖萌。

我找了个合适的位置,默默坐下,一动不动,眼巴巴地望着主人。皇天不负有心狗,不一会儿,她就朝我望了过来。果然瞬间被我攻陷,她满眼宠爱。于是,我得到了她筷子上的一块肉。

我嚼都不嚼就把肉给吞了,得赶紧再要一块呐。我又一副可怜相盯着主人,"你看你看,我吃完了,没东西吃啦!"主人心领神会,又给了一块骨头。嗯?这骨头闻起来不香就算了,上面居然没有一丝肉!我当没看见骨头一样,又抬头望着主人。

突然,主人手机响了,叽里咕噜不知道说了些什么,她就急急忙忙朝大门跑去。

只听到"砰"的一声关门声。主人才吃一半就不吃啦?我凑近门缝使劲闻,熟悉的气味越来越远,她走了,可轮到我吃了!我两三下往桌上一趴,够得着的肉直接吃,够不着的肉就用舌头舔一舔。

天翻地覆之际,传来了主人开门的声音,我赶忙跑过去,花花怎么来了?!

花花是对楼邻居的泰迪,我的小弟。

打完招呼后,主人带着花花往餐厅走去,我赶紧跟着一块过去,可不能让花花捅什么娄子。

主人见花花乖巧,拿了一块狗零食给可可身旁的花花。

哪能这样啊,绕过我,给小弟先吃,太没规矩了!花花你居然也敢吃!我必须给你一点颜色看看。

可可突然朝着花花的大腿根就是一口,花花被可可吓得立马缩头趴下。

哼，小样！我顺势捡起掉落的狗零食，吃得十分满足。没想到却迎来主人的训斥，我是无辜的！

　　主人吃完饭，给花花找了一个盆子，摆在了可可的食盆附近。花花从可可身旁走过，兴致勃勃地跑去吃饭。

这怎么行！必须拦住他。哼！非得被我拦住才知道害怕吗？看我不瞪死你。

　　教育完花花，可可才慢慢走向进餐区。

怎么有两盆吃的呢？不管了，放几盆都是我的！这盆更香，先吃这盆吧！

　　可可把两盆食物都闻了闻，然后挑了其中一盆吃了起来。恰逢主人路过，看见花花不敢过去吃饭，便不断鼓励花花，可花花依旧不愿意过去。无奈下，主人只好一把抱起花花，强行放到食盆前。

嗯？花花你胆够肥的！大哥进餐，小弟还敢骚扰，难不成有意抢食？！我不发威就当我是病狗吗？你敢吃，我就敢揍你！

　　可可低吼，露出獠牙，不断向花花发出警告，花花不敢上前，一直打退堂鼓。主人听见可可的低吼，才发现情况不对，于是不断训斥可可，维护"公平"。花花发现可可的主人在为他撑腰，这才鼓起勇气，回到饭盆前，开始吃饭。

呜……呜……呜……花花你再靠近一步试试！

　　战争瞬间爆发，可可向花花发起主动进攻，狗盆、水盆被两只狗扭打得翻倒在地。很快，可可以绝对的体形优势将花花按压在地，花花翻肚皮以表投降，主动离开了进食区。主人惊慌失措，整理完战场，重新给花花准备了一盆狗粮，带着花花去了隔壁房间，花花这才得以进食。

● 行为解析

Q1: 是不是所有的狗都贪吃？狗对食物有偏好吗？

A1: 食物对狗来说，虽然有不小的吸引力，但狗也和人一样，有贪吃的，有不贪吃的。

　　狗在出生前，便会对狗妈妈羊水中的食物味道产生偏好。出生后，狗会逐渐发育出特定的味觉感受器，这种感受器专门接收与肉相关的化学物质，这让他们偏好含肉及肉味道的食物，而甜味味蕾对呋喃酮的反应又导致他们偏好甜味❶。因此，狗更喜欢肉类、含肉的食物、尝起来甜甜的食物（如红薯）。此外，后天的生活环境，如饲养方式、主人的习惯均会影响狗的食物偏

---

❶ [加] 斯坦利·科伦. 狗智慧. 北京：生活·读书·新知三联书店，2018.

好。狗会偏好于主人喜欢吃的食物、主人手里的东西、更稀缺的东西（比如更偏好难得的牛肉，而不是经常吃的鸡肉）。

Q2： 为什么有些狗连垃圾都吃，有些狗却连肉骨头都不吃？

A2： 狗处于饥饿状态下时，会为了生存而想方设法获取食物。因此，我们能看见狗为了填饱肚子跑去翻垃圾，甚至吃屎（粪便里有一些还未消化完全的食物残渣）。

当狗不再面临生存压力时，他们就开始对食物有所要求——想吃更香的、更好吃的。如果主人不断地满足爱犬对食物的要求，那么他们就会养成挑食的坏毛病。

Q3： 如何改掉狗挑食的坏毛病？

A3： 吃了更好吃的就再也不吃狗粮，饭里没肉就不吃饭……有了食物的选择权之后，狗变得挑食。根治挑食，需要从食物的选择权下手。主人可以通过"拒绝喂食爱犬想吃的食物，只喂食规定食物""规定进餐时间，超出规定时间不得进食""不吃就饿着""加大运动量并提供规定食物[1]"等方式来剥夺爱犬的食物选择权。只有在爱犬知道自己没选择权后，他才会自行改正挑食。

Q4： 为什么狗喜欢吃人吃的食物？

A4： 一方面，经过烹饪的熟食确实比生食更香；另一方面，出于心理原因，狗看主人吃得香，也会觉得主人吃的东西好吃。

---

[1] 大多数家养狗的运动量小，每日能量消耗得少，因此，他们不太容易感到饿，这就导致其生理需求的进食欲变低，心理要求的食物"品质"变高——"反正也不怎么饿，我就是想吃那些好吃的"。加大运动量能够大大增加狗的能量消耗，从而刺激生理需求的进食欲望，降低心理要求的食物"品质"——"跑了几圈好饿啊，我现在有啥吃啥"，从而逐步改善挑食的毛病。

Q5： 主人在吃饭时，狗为什么要扒桌子、扒主人手？怎么纠正？

A5： 狗刚到主人家时，会出现首次"不文明"行为，比如站在椅子上、跳爬到桌子上乞食等。若该行为不仅没被主人叫停，反而还获得了食物，狗就会觉得自己找到了获取食物的捷径，认为这是一次成功的试探。于是，他便会第二次、第三次做这个"不文明"行为。在该行为被不断重复的过程中，狗一边积累乞食经验，一边不断优化流程。一次次的成功，让他确信，只要站到椅子上就一定能获得食物，长此以往，原本的乞食行为演变成获食命令。因此，当命令未被执行时，爱犬就会做出强调命令或宣泄不满的举动，逐渐出现用爪子扒主人手要吃的，吃不到就冲主人叫，主人不给吃就闹腾耍脾气等不良行为。

◆ **解决办法** ◆

及时中断

当爱犬出现不良乞食动作时，主人可在动作发生的同时，通过口头责备、动手阻挡等方法及时中断爱犬的动作，让他知道扒主人手≠有吃的，并且这个行为是被禁止的。

态度坚决

主人要态度坚决、语气强硬地对他说不。切记，主人绝对不能心软，不能因爱犬发脾气而退让，更不能直接给予食物，否则爱犬会认为正是因为他趴桌子，向主人发脾气，才赢得了食物，结果是会变本加厉地要求给食物。

坚持长期制止

若爱犬的不良行为持续了很久、程度很深，短时间的制止无法改掉他们的坏习惯，主人就应当坚持长期制止。不管什么时候，在什么地方，一旦看见爱犬做出趴桌子或即将做出趴桌子等不良动作，就要主动在爱犬面前，用坚决的态度给予正面制止。长期的制止会让他们发现原来那套行不通了，"趴桌子不仅得不到食物，还要被主人批评，我再也不想做偷鸡不成蚀把米的事情了"，从而彻底改掉趴桌子、扒主人手来乞食的坏毛病。

适当给特权

有经验的主人，可以在成功制止坏毛病后，教爱犬等待主人进餐的正确方法。一般来说，行为良好的狗，在主人进餐时，会若无其事地在一旁做自己原本就在做的事情，如安静地躺在地上等待主人进餐。若主人想给爱犬多一点权利，允许他在主人进餐时向主人表达乞食的愿望，可以教爱犬一个特定动作。在我家，这个特定动作是"安静地坐着"——帅帅就是通过这个动作来告诉我他也想吃点。这时候，我会看情况，选择性地满足他的愿望。记住，一定要让爱犬清晰地认识到，这个动作只是在向主人"打申请"，申请能不能被批准，具体还得看主人的意愿。

如果主人不能很好地把握特权和坏行为之间的分寸，建议主人不要尝试给爱犬特权，因为聪明的他们，只要有机会，就会不断地为自己争取更多的好处，特权很有可能又会发展成为坏行为。

Q6：为什么有些狗看着别的狗吃饭，自己却乖乖地等在一旁？

A6： 就像故事中的花花，为什么花花不敢上前吃饭？因为可可不让。花花作为下级，做事需征求上级可可的同意。特别是事关重大的"吃东西"，必须让等级更高的狗先吃。当等级更高者不想吃或吃饱了以后，会通过扭头、走开、眼神示意等，来告知下级可以进食了。

若下级擅自进食，他就触犯了"狗界"的死规定，将面临责罚，甚至被驱逐出群。所以，等级一旦确立，懂得规矩的狗是绝对不会同上级抢食，也不会在未经上级许可的情况下擅自进食的。

Q7：爱犬为什么要攻击被自己主人喂的狗朋友？

A7： 在故事中，可可一看见花花吃东西就表现出不满，特别是最后，花花被主人怂恿就餐时，可可突然就开始打花花，对狗一向友好的可可，为什么会有如此表现？这是因为花花不仅违背了等级高者的意愿，还公然抗命。不稳定的进食关系，让可可对花花一点儿也不信任。尤其是花花不断无视自己的警告，一步步逼近食物的做法，导致一忍再忍的可可最终忍无可忍。而花花被怂恿吃饭的那一刻，直接冲破了可可最后的底线。一场关乎食物所有权、食物分配权、上级对下级的支配权的战争，就被可可名正言顺地发起了。

食物所有权从正在进食的嘴巴，到向外延伸约30厘米的范围内，严禁被侵犯。每一只狗都享有食物所有权。这也是为什么等级高者很少从等级低者嘴里抢夺食物，除非他真的非常蛮横，或者非常饿了。

Q8: 为什么有时狗明明犯了很多错误，但被主人批评时却感到无辜？

A8: 因为在狗的世界里，可可的做法毫无问题。没做错事，却被主人批评，可可觉得自己很无辜的同时，也很迷惑——"主人好端端地为什么要批评我，不懂事的明明是花花，虽然你也没安排好，可是我一点儿问题都没有啊"。

Q9: 这个案例中，主人的喂食方式有错误吗？如果有，正确的喂食方式应当如何？

A9: 花花没来之前，主人和可可的长期相处形成了稳定的进食关系，可可的违规（主人进餐时乞食）也是因主人的默许，成为这个狗群的进食规矩之一。因此，不论是主人进餐，还是可可吃饭、吃零食，都不会出现紧张的氛围。花花的加入，直接打破了原有的进食规矩，可可也因花花的表现，认定自己的食物不再安全，进而变得具有攻击性。

◆ **解决办法** ◆

主人应建立并维护进食制度

主人，作为整个狗群的最高领袖，应当坚决执行并维护狗群的规章制度，保持狗群的稳定。从主人的安排来看，很明显，她失职了。她不仅没有意识到狗是讲究进食顺序的（按照等级，由高至低进食），还鼓励、帮助花花违规，主动使狗群陷入混乱当中。

主人需按照等级由高至低依次喂食

我们在第一章中知道，狗群的等级制度对狗的社交有重大意义。在这个例子中，我们可以清晰地判断主人是可可的领导者（上级），花花是可可的跟随者（下级）。按照规定，正确的进食顺序应当是主人、可可，最后才轮到花花。所以，不论是主人给爱犬喂零食，还是狗群整体进餐，都要按照如上顺序。

例子中，可可的主人应当这样做：

- 奖励零食时，应当由主人拿出零食（展示了主人对食物的所有权，表明自己并不想吃），先喂给可可，再喂给花花（等级更高的犬有优先进食的权利）。
- 狗群进餐时，应当由主人先吃饭，吃饭完毕后，再让狗进餐。进餐顺序依旧是先喂可可，再喂花花。详细的进餐规矩说明，可见 Q10。

主人不应剥夺该有的权利

需要注意的是，不管可可是否想吃，主人都应当做出征求可可意见的举动（把食物先给可可）。可可接触食物后，会作出吃或不吃的决定，主人必须在这个决定出来之后，再喂食花花。若可可决定不吃，他会用转头、转身离开等动作来告知自己放弃进食。

> **Q10：** 如果家里饲养了两只甚至多只狗，主人（头狗）应当如何喂食，他们才不打架？

> 说明：本问题仅讨论当主人处于领导位置时，犬只在进餐时发生斗争的情况。若因主人处于从属位置导致的，犬只在进餐时打架或吼人的情况，可在本章"与主人相处时的问题"中翻阅相关内容。

A10： 饲养一只狗的家庭，主人只需要解决一只狗和家庭的矛盾；饲养多只狗的家庭，主人要面临的问题就复杂多了——不仅要处理狗与家庭之间的矛盾，还要处理狗与狗之间的矛盾。不合理的进食安排，往往会激化狗与狗之间的矛盾，出现激烈的斗争。

狗在进食时打架，绝大多数都是在等级和规矩方面出了问题：或因主人设定的进餐规矩与等级不匹配，或因主人错误干涉导致规矩混乱。因此，要想根除问题，必须从主人着手。

◆ **解决办法** ◆

主人应当意识到自己的头狗责任

主人作为狗群最高领导者，想要营造良好的进餐环境，就必须清楚地知道自己对狗群状态（和谐或战争不断）负有最主要、最直接、最不可推卸的责任。只有清楚意识到这一点，才能从问题的源头出发，扼住问题的要害。

制定等级顺序，避免平级

主人要合理安排每个成员所处的等级，并帮每一个成员稳固地位。在地位确定的过程中，除非是养了数量众多的狗，否则尽量不要设置平级。因为对狗而言，没有绝对的平级，只有相对的平级。平级的处理会使狗群管理变得艰难。如何制定每只狗的等级请翻阅 P143~P144 的 Q13、Q14。

即使两只狗年龄相同、能力相仿，在狗群中同属一个层级，他们俩也会有"你先我后"的顺序，只是这个顺序体现得很不明显。如果主人以平级的态度去对待两只看起来是平级的狗，如给他们同时喂食，那么，他们会因此而打得不可开交。因此，主人不要轻易尝试设置平级，给自己带来不必要的麻烦。

严格执行并维护等级高者先喂食的规矩

制定好等级顺序后，主人就需要保证各个成员在自己的带领之下，享有本该享有的权利和待遇，让他们无所顾虑。具体来说，就是让等级更高的狗先进食，帮助他进食完毕之后再让等级更低的狗进食。

如一个狗群中，有一位主人和三只狗（狗 a、狗 b、狗 c），他们的等级由高至低的排序为主人 > 狗 b > 狗 c > 狗 a，那么，正确的喂食顺序应当是主人吃完饭，先喂狗 b，接着狗 c，最后才是狗 a。

进食过程中，若出现等级低者越级进食、等级高者进食完毕还与等级低者抢食、等待进食者出现不满等任何破坏规矩的行为，主人都需要及时制止并给予严厉批评。

> **Q11：** 头狗对狗群有绝对的领导权，狗群成员需要无条件服从头狗的安排。既然是这样，主人可以不按照规则，想先喂谁就喂谁吗？

A11： 可以。但必须在满足以下条件的情况下才能这么做。

条件一：狗群已经形成了正确且稳定的进食关系

未形成正确的进食关系前，狗群秩序处于混乱中，不按照规则行事会让狗群雪上加霜。只有在形成了正确而稳定的进食关系之后，当主人不按照规则行事时才不会引发战争。

条件二：目的必须是有利于狗群发展的

狗群成员不愿意看到规则被破坏，除非他们能够被一个合理的理由说服。而这个理由必须是理性的、有助于狗群发展的。表 3-1 所列的两种情况，就是主人合理地通过"违背"原有进食规则来达成管理目的的情况。

● 表 3-1　两种利于狗群发展的可"违背"进食规则的情况

项目	原有规则	上级表现	下级表现	主人的目的	主人的做法	注意事项
情况 1	上级吃完，下级再吃	不尽人意	良好	惩罚上级、表扬下级	不得不越过上级直接喂食给下级	喂食下级前，应当让上级知道，你表现不好，无法获得食物，也没有决定是否进食的权利
情况 2	上级吃完，本该下级吃	良好	不尽人意	表扬上级、惩罚下级	喂完上级，不喂下级	喂食完上级后，应当让下级知道，你原本也有的吃，但你表现不好，所以没有吃的

这些情况下，主人应当将"表现"和"食物"建立起联系——"良好表现 = 有吃的，糟糕表现 = 没吃的"，让爱犬知道"主人还是在按规矩办事，我吃不到东西是因为我表现糟糕"。作为喂食者，主人应意识到自己没有违背进食规则，只是在原有规则上加上了一些更复杂的条件，导致这次喂食看起来和原有进食规则不同。

对狗群没有说服力的理由，往往是非理性、不利于狗群发展的，如主人随意地、看心情地、没目的地喂食——狗群虽然无条件地服从安排，但这会大大降低主人的威望、信服力，狗群成员将开始质疑主人的领导能力。领导者一旦遭到质疑，接班狗就会蠢蠢欲动，试图挑战权威。一系列的夺权行动，会让狗群陷入极度不稳定的环境中，矛盾使狗群变得混乱不堪。

Q12： 如果狗群中出现了一个不按规矩进食的狗，主人该怎么办？

A12： 为了方便叙述，我们假设这个违规者叫豆豆，他不按顺序，企图抢在上级豆花之前先进食，甚至还对豆花龇牙。主人需要立刻制止豆豆的进一步行动，并责备豆豆，让他安静地待在一边，看着主人安抚豆花，然后当着狗群的面，让豆花先吃。若豆豆还是不停地想去抢食，主人需勒令其静候，直到豆花吃完离开，主人才可以引导豆豆进食。

制止和责备，是为了让豆豆知道违规的做法是错误的；让豆豆静候不抢食，是为了让豆豆知道正确的做法应当怎样；打击抵抗，强制豆豆执行完整的静候动作，是为了让豆豆知道，全程必须等待，直到豆花吃完。如果豆豆很好地执行了静候，主人可以立即给予口头表扬及爱抚；责备豆豆、安抚豆花，是为了让狗群明白主人的管理是非分明、奖罚分明；当着狗群的面，让豆花先吃，是为了让其他狗知道，头狗是一个坚决的规矩维护者，大家应当按照规矩行事；豆花吃完后引导豆豆进食，是为了让豆豆知道，食物是够吃的，他不用为食物多少的问题操心。

简而言之，平息混乱的措施有很多，而万变不离其宗的是，主人需坚决执行进食规矩，在狗群面前严处违规者，并教给违规者正确的进食方式，维护规矩。这样，狗就会明白，只要按规矩进食，就不会被责罚。

Q13： 为什么我们可以看见一些狗围在一起，用一个共同的食盆和平进食？

A13： 一般有两种情形：
第一种情形，多发生在野外环境中。

> 狗群狩猎完毕，附近有虎豹等危险分子虎视眈眈；主人带着一群狗在野外生活，特意安排狗群同时进食；农村养狗，狗在人来人往的院子里进食，头狗不仅觉得进食环境不安全，还担心下属（此时指主人）的安危，会安排狗群以警戒状态迅速成群进食。

极其精明的头狗，处于特殊的生存环境中时，如野外进餐环境危险、时间紧迫等，为了保证狗群进餐的安全与快速，特别规定可以同时进食。能做出这样复杂的决定，并依旧能维持狗群稳定的头狗，基本上是一只经验丰富、能力出众的狗。

第二种情形，多发生在圈养环境中。

当狗群成员未经过母狗的教育，或未在社交活动当中学习到进食规矩时，出于对规则的无知，他们容易接受主人的无等级同进食的指示。这些狗因主人的意愿，自小就被培养同时进餐，久而久之，形成了只属于这个家庭独有的进食方式。

一旦狗群成员在社交中得知了大多数狗都遵守的规矩时，他们就很可能开始对抗家立的规矩。违反规矩、想重新制定规矩的心思会导致局面混乱，战争频频。

Q14： 如果可以培养几只狗在一个食盆中共同进食，是不是就可以树立他们的平等意识，从而避免争抢呢？

A14： 当然不是！被有意培养出的一同进食，只是建立了吃饭要一起吃的规矩，但无法建立平等意识。也就是说，吃饭虽然好好的，但是遇到玩具还是得抢，走路还是有先后，他们照样会为了等级，在吃饭之外的事情上拼得你死我活。因为狗生来就流淌着狼族血液，他们视等级为处事的根基。这种渗透进骨子里的等级心理，很好地顺应了大自然"优胜劣汰，适者生存"的法则，是绝对不可能因为主人的干预而被扭转的。

退一万步来说，即使主人让爱犬变得一切平等，但是在需求不同或资源有限的情况下，势必也存在资源无法均分的问题，如体形大些的狗需要更多食物来保证自己的能量，慢食者不如快食者吃得多。当碗里只剩最后一块肉时，该谁吃？不平等势必会发生。

自然界没有平等，只有强弱。主人应当顺应大自然的法则，尊重狗的社交心理需求，不要总是企图把人类的思维强加到狗身上，自以为给了他们最好的，但其实真的糟糕透了。

Q15： 狗是从哪里知道这些复杂规矩的？

A15： 不只进食，走路、玩耍、打招呼等都有一套套规矩。狗和我们不一样，不能看书看报，狗又和我们一样，都有妈妈、兄弟姐妹、朋友和社会大学。这一套套规矩，都是小狗自出生后，被妈妈事无巨细教导的，和兄弟姐妹们玩耍时领悟的，和朋友社交时学会的，应付社会时被教训的，观察其他狗看懂的。

> 从狗贩子手上买回来的狗，几乎都是还没接受过狗妈妈的正式教导，就被人抱进了市场。他们所知道的规矩，往往是从观察其他狗社交、参与社交活动中习得的。

Q16： 爱犬为什么对垃圾桶情有独钟？

A16： 狗没有垃圾的概念，因而不但不会反感垃圾桶，反而会把满载各种各样东西的垃圾桶当作"宝藏"——里头不仅有想玩的小物件，还有散发诱狗气味的食物。

Q17： 怎么改掉爱犬在家偷吃、在外乱吃的坏毛病？

A17： 要想改掉坏毛病，必须先找到养成坏毛病的原因。

◆ 解决办法 ◆

给饥饿的狗加餐

那些正在长身体的狗、运动量巨大的狗，对食物的需求量大，如果进食量无法满足消耗量，他们就会饥饿。为了填饱肚子，他们会想尽各种办法来获取食物，显然，偷吃、乱吃就是好办法之一。

针对此种情况，主人只需给爱犬增加进食次数和数量，就可以有效改正爱犬偷吃、乱吃的坏毛病。

坚持长期的制止和批评，追责爱犬

有时候我们发现，明明爱犬吃得挺好，量也不少，但却还是喜欢偷吃、乱吃，这是因为他们不仅对"美食"毫无抵抗力，而且还不知道偷吃、乱吃是不被允许的。此时，主人要明确地让爱犬知道，只有主人给予的食物才可以吃，其他的食物，不论是垃圾桶里的、桌子上的，还是路边的，都不可以吃。

具体做法是，每当爱犬已做出或即将做出偷吃、乱吃的举动时，主人应及时制止并给予严厉的批评，直到他放弃进食念头。放弃进食后，主人可以通过给予奖励（奖励可以是爱犬本来就打算吃的，也可以是其他更好吃的），让爱犬知道，"不吃这个不但不会有损失，还会获得主人的奖赏"。这样，爱犬就会慢慢改掉偷吃、乱吃的毛病。

如果这个坏毛病是由以上两个问题综合导致的，那么就需要主人按照"先满足日常进食需求，再制止批评"的顺序，慢慢让爱犬改正这个坏毛病。

> 有一些特别顽皮的狗，被主人宠坏了，他们总是想方设法地偷吃东西。即使被抓现行，也不愿意听命令停止，反倒吃得更猛，一阵囫囵吞枣后，开心地跑掉。对这些惯犯来说，偷吃东西已经从简单的生理需求上升为复杂的娱乐需求。
>
> 他们把偷吃当作一场带有狩猎性质的游戏，于是得意于获得食物的手段，享受于同主人见招拆招的游戏过程，成就于吃完还能安然逃脱的结局。通常情况下，这些小坏蛋已经完完全全吃准了主人的习惯和脾气，他们能感觉到偷吃并不会真的让主人生气，就算生气也是一会儿就好，没有责罚，主人也不愿意追究自己，给自己强加责罚。
>
> 在面对偷吃已达到最高境界的爱犬，主人应通过行为来彻底瓦解他们的固有认知——"原来主人真的很讨厌我偷吃，原来主人看见我偷吃真的会生气，还是很难哄好的那种，原来我要为偷吃行为负责，原来不管我换什么办法逃走，都要受到责罚。"

Q18： 为什么爱犬明明知道这个东西不能吃，却还是不顾主人的呵斥偷跑去吃？

A18： 典型的明知故犯，是爱犬抱着无视规矩、逃脱惩罚的心理完成的。我们设定了规矩，要求爱犬遵守，自己却宽松了起来：有时我们笑一笑，觉得爱犬犯错的行为挺可爱，就不当回事；有时我们生气呵斥爱犬一下；更有时我们没追上畏罪潜逃的爱犬，就想着这次算了。

不严格执行规矩的态度，让爱犬有了钻空子的机会。于是，无视规矩、逃脱惩罚慢慢地成为爱犬执着犯错的理由。

◆ **解决办法** ◆

主人应当坚决执行规矩，并严格奖惩

不管什么时候，爱犬做出了怎样的行为（卖萌、求饶或逃跑），都应立刻制止，并给予适当的惩罚。这样，爱犬才知道，不论如何，只要犯错就无法逃避惩罚。

> 惩罚不应过轻，也不应过重。过轻，爱犬觉得惩罚无关痛痒，可以继续犯错；过重，容易让爱犬对主人产生错误的认知，导致问题严重化。

Q19：为什么我家狗会吃屎，他总是吃屎怎么办？

A19： 我们总说狗改不了吃屎，可是有好吃的，狗为什么要去吃屎呢？明知道吃屎会被责罚，狗为什么还要去吃屎？因为这都是不得不吃的无奈之举。

◆ 原因分析 ◆

饥饿

当一只狗饿得受不了，在不得已的情况下，会选择吃屎。

任何食物都不可能被百分之百地吸收，那些无法消化的部分，就以粪便的形式被人或狗排出体外。狗闻到了未消化完全的肉、骨头等，就会去吃，活着总比饿死强嘛。主人需注意喂食，不要饿到爱犬。

疾病

当狗体内有寄生虫或缺乏某些元素，导致代谢紊乱、味觉异常，进而出现异食症状（异食癖）时，他会不断地进食粪便、树叶、泥土等不正常的"食物"。主人需带爱犬去宠物医院就诊，及时驱虫或补充元素后，爱犬自然而然就不再吃屎了。

逃避过重的责罚

明知不能在此拉屎，却忍不住在这拉了，为了逃避责罚，狗只好通过清理犯罪现场来隐瞒错误。这是由于主人对爱犬乱拉屎的责罚过于严重，导致爱犬为了躲避责罚，甘愿吃屎。更有甚者，会错误地认为正是自己没有清理粪便，才被主人这么重地责罚。于是他将粪便吃掉以达到清理的目的，以求得主人的称赞。

主人要告知爱犬吃屎是错误的，同时应当减轻责罚程度，过重的责罚会导致爱犬做出更糟糕的逃避行为。

企图引起注意

明知不能吃屎，却故意吃屎，这是因为狗企图用吃屎来引起主人的注意。主人过度冷落爱犬，会导致爱犬想采用吃屎这种主人特别在意的方式，来博取主人的关注，哪怕关注是负面的。只要主人更加关注爱犬，更频繁地同爱犬互动，便能解决这个问题。

与起居有关的问题

情景再现

　　我是一只金毛小可爱。虽然只有 5 个月大，却有着似乎用不完的精力。我爱我的主人，我爱围着他转，跟着他跑，看着他笑，我简直不愿意离开他一步，我要用我的热情，让他每天都开开心心。

　　和主人相处了 1 个多月后，主人给我起名闹闹。我喜欢这个名字，我喜欢热热闹闹的家，虽然有时我确实闹过头了，哈哈！

　　难得的周末，主人早起准备了一上午的会议资料，本以为午饭后，主人就能带我去公园玩了，结果他还是在书桌前忙工作。

　　倍感无聊的我，在各个房间里晃来晃去地找东西玩。突然，我闻到一阵浓郁的气味，是拖鞋散发的，我叼起它跑到主人跟前，可主人没理我。好吧，我只能自己玩了。吧嗒吧嗒，我咬着拖鞋一路小跑地回到客厅，就此开启今天的快乐时光。

闹闹看主人没空陪他玩，只好自己想着法子在屋里独自玩耍。

　　看着咬烂的拖鞋、撕碎的报纸、脏乱的衣服，原来家里有这么多好玩的！尤其是这满载主人味道的拖鞋，太禁咬了，不仅好玩，还能治牙痒痒。

　　疯狂了好长时间，我才想到主人。走吧，看看他结束工作了没。

　　唉，主人还在忙。我不想打扰他工作——虽然有一点落寞，但也只能呆呆地望着他的背影。

随后，闹闹找了个离主人不远的地方趴下。

　　小睡了一会儿，我醒了。抬头一看，主人还背对着我，忙着。孤单，我只感到孤单，除了继续等待，我只能睡觉。想到这，我把身子蜷了起来。

半小时后，闹闹醒了，她决定换一个地方睡觉。

　　厨房，这是吃饭的地方，我不该在这睡觉；客厅，没有主人，我不想在这睡觉；宽敞的书房，这有空荡荡的地面和高高的墙，嗯……我不喜欢这儿……

几经选择，闹闹来到主人附近。

　　还是主人的味道让我安心，就在这睡觉吧！我溜达到主人脚边，蜷缩在椅子下，内心升腾起无与伦比的满足感。我慢慢舒展开身体，就此进入甜蜜梦乡。

　　在梦里，我追着主人，奔跑在广阔的草坪上。主人跑得越来越快，我也跑得越来越快，快到感觉自己都要飞起来时，"噔"的一声，我的脚重重地踢到了什么，好疼。我吓得一激灵，立马睁开眼，搞不明白发生了什么，一脸迷茫。

> 主人被闹闹睡梦中的蹬脚打断了思绪，又被她的表情逗得捧腹大笑，因此，主人决定暂时放下工作，带闹闹出门玩耍。出门前，主人简单教育了把屋子弄乱的闹闹。散步归来，晚饭毕，又到了睡觉的时间。

每到晚上，我就特别想和主人睡在一起。可是主人总是躺在床上，我又不能爬床，每次上去，就要被训斥，我真的想挨着主人睡觉嘛！哼哼哼，汪汪汪，恳求了好久，果然还是没戏，我还是在床脚边默默睡觉吧。

> 闹闹睡了一会儿醒来，在屋子里走走、吃个饭、喝点水，回屋继续睡。可睡了没多久，她又站起来把头搭靠在床边，默默地望着主人。就这样，一整晚闹闹睡睡、醒醒、走走、睡睡……次日，主人上班，闹闹独自在家。

啊！我最讨厌周一了！主人又要去上班，我又要一个人看家了！汪！汪汪！汪汪汪！唉，我的挽留果然没法阻止主人，他走了。想起刚来这个家的时候，我惧怕分离。当时每到分离，我都拼命地吠叫，来赶走害怕，成天希望主人能听见叫声回来陪我。后来我才知道，那是分离焦虑症，是一种心理疾病。这么阳光的我，怎么能有这个坏毛病呢？于是我努力配合主人，改掉了分离焦虑症。

唔……话又说回来，一个人在家好无聊，现在干什么呢？欸？牙齿有点痒痒，先找个东西啃啃吧！

> 闹闹独自在家，一会儿啃啃鞋子，一会儿跑客厅拉个屎，一会儿撕撕包装袋，就这样度过了一天。

● 行为解析

Q1: 为什么狗不喜欢睡在宽敞的地方，反而喜欢睡在椅子下面这样狭小的地方？

A1: 一方面是觉得安全，另外一方面是觉得舒服。

安全

狭小的地方之所以安全，是因为狗的个头较人矮，视线高度大多在人大腿以下，以他们的视线，是难以看见天花板的。看不到顶的视觉空间，容易让狗产生不安全感。此外，空旷的四周，意味着极大的不确定性，危险可能从各个方向袭来，让狗感到十分不安全。

因此，在爱犬没有确定大空间绝对安全的情况下，他们更倾向于椅子底下、桌子底下等既高度适合又能阻挡部分危险的地方睡觉。

舒服

狭小的地方之所以舒服,是因为这些地方往往比宽敞的地方昏暗、安静。昏暗、安静的环境睡起来更舒服。

Q2：为什么爱犬喜欢睡在主人旁边?

A2：狗喜欢和伙伴们睡在一起,更别提马首是瞻的主人了——主人在哪,爱犬就喜欢跟到哪。伴随着主人的气味,爱犬能睡个安心好觉。而那些被主人隔绝到门外睡觉的狗,由于没有伙伴陪同,会觉得自己被驱逐出群了,感到深切的孤独。

另外,主人对爱犬的日常保护,让爱犬坚信自己在睡觉时也有主人抵御危险。为了获得依靠和安全感,爱犬自然更想睡在主人身旁。

Q3：既然在主人身边很安全,为什么爱犬还要蜷缩着身子睡觉?

A3：不安全时,狗会蜷缩着睡觉,保护自己最脆弱的肚子;寒冷时,狗会蜷缩着减少体表热量的散发,给自己保暖;被冷落时,狗会蜷缩着身子表现出自己需要主人的关怀;不开心时,狗会找一个角落背对着外界,蜷缩着身子拒绝他人(见图3-1)。

在不安全的户外

感觉到冷时

图 3-1

图 3-1　狗在不同情境中蜷缩着睡觉

被冷落时，希望得到关注

不开心时，背对着主人表示拒绝

在闹闹的例子中，主人长时间未理睬闹闹，导致他觉得受到了冷落，于是蜷缩着身子，希望主人有空能够陪陪自己。

Q4：爱犬在睡觉的时候，为什么会蹬脚？狗蹬脚时，我们能叫醒他们吗？

A4：

闹闹睡觉做梦，梦到自己在追着主人狂奔，伴随着梦境，脚不由自主地蹬了一下。

不同的梦境会伴随不同的肢体反应

不只蹬脚，狗在睡得特别沉时，会因梦境的不同，出现不同的动作——晃动爪子（可能梦见抓虫子）、晃动胡须（可能梦见自己在闻什么）、抖腿（可能梦见扒地标记号）、低声吼叫（可能梦见与狗对峙）、小声哀鸣（可能梦见被主人责备）、吧唧嘴（可能梦见在吃东西）等。

不要打扰爱犬清梦

吵醒爱犬虽然不会有什么问题，可他难得睡得如此香甜，主人最好不要因为觉得有趣，就扰狗清梦哟！

若爱犬在熟睡中受到过严重的惊吓，如被球重砸而受伤、尾巴被扫地机卷入等，那么爱犬很容易对干扰自己睡觉的动静产生过激行为——撕咬垂下的床单，甚至是张口咬叫醒自己的主人。

绝对不要叫醒陌生狗

陌生狗敢在家之外的场合这样熟睡，证明他对这儿太了解，太放心了。

一个安全的环境认知，会让狗放松警惕，从而进入到几乎毫无戒心的睡眠状态中。

被陌生人突然叫醒，狗会因受到突然惊吓而产生神经剧变，出于本能，身体会促使他采取自卫手段，从而出现愤怒、逃跑或主动攻击人等自我保护行为。

Q5：爱犬为什么想和主人一起睡床上？

A5： 正如上面 Q2 提到的，狗和主人在一起睡觉，会有极强的安全感。为了让自己睡得更踏实，他们会想方设法地靠近主人。而主人的床，比硬邦邦冷冰冰的地面、小小的狗窝舒适得太多。因此，在还有上床的希望时，狗就会一个劲儿地试图上床睡觉。

闹闹出于以上原因，才会用哼叫、卖萌的行为来引起注意，博取同情，恳求主人让她上床睡觉。

Q6：为什么主人不在，狗也会想睡床？

A6： 主人不在时，狗依旧有上床睡觉的期望。

想睡得舒服
床很舒服，柔软而温暖，狗喜欢在床上睡觉的感觉。

床上的气味让狗安心
当主人不在家时，床、沙发就成为家里主人气味最密集的地方。上床，让自己沉浸在喜欢的气味当中，能获得极大的心理满足。

偷腥心理
主人在家时被禁止上床，主人不在，则可以偷偷享受。

认为床才是自己的"窝"
一些在家处于领导地位的狗，在整个狗群当中扮演头狗角色。他们认为，只有床才配是自己的睡觉处。当家中没人时，他们会通过上床来宣示自己的权利。

Q7： 爱犬在睡觉时，为什么总是醒来？这正常吗？

A7： 再正常不过了。狗本来就保留了狼的生活习性，喜好夜间活动。即使是那些很适应家庭作息规律的狗，也有夜间兴奋的习惯，这也是为什么他们能在夜间被各种或大或小的动静吵醒，迅速起身查看情况，确认安全。

Q8： 主人有时候醒来，一睁眼就看见爱犬在看着自己，这是为什么？

A8： 人在梦中，会说梦话、抽动手脚、翻身等。如果爱犬对这些动作好奇或紧张，就会凑到主人面前去查看情况，恰逢我们睁眼，于是就看见狗正看着自己。

还有，当我们异于平常，迟迟未醒时，爱犬会担忧地去查看主人的情况，甚至用鼻子、头或爪子推推主人，以此确认主人是否没事。

Q9： 爱犬总是在睡觉，这样正常吗？

A9： 未患病的成年犬只，每天需要睡 15 小时以上，健康幼犬甚至需要睡 22 小时。

一天下来，除去吃喝拉撒以及和主人一起玩耍的时间外，能够睡觉的时间并不多，因此，爱犬会利用一切可利用的空闲时间，美美地睡上一觉。这样一来，我们就会觉得他们总在睡觉。

Q10： 爱犬为什么喜欢睡枕头？

A10： 狗没有锁骨，只能靠脖子和肩颈承担所有重量。枕着枕头睡觉，可以帮助脖子支撑重量，从而分担肩颈的压力，放松肩颈。

Q11: 主人没空搭理爱犬时,爱犬为什么要把家里弄得一团糟?

A11: 在故事中,主人长时间无视闹闹,无聊透顶的她只好自己给自己找点乐子。由于主人未给闹闹定下玩乐规矩,导致她并不知道玩乐的边界如何,所以她按照自己的喜好,肆意玩耍,结果把家里弄得一团糟。

Q12: 让刚来到家里的狗独自看家时,他为什么会大吼大叫?

A12: 狗刚进入一个新家庭时,对人、物、周边环境等都还不熟悉。故事中,独自在家让闹闹感到害怕和无所适从——既不明白这里是否安全,又担心自己被这些人抛弃,还不懂接下来会发生什么危险,可以怎么逃跑。因此,闹闹用吠叫来表达自己的害怕和惊慌失措,也会用吠叫给自己壮胆,甚至还用吠叫来吸引主人、周边狗群的注意和得到帮助。

Q13: 狗独自在家时,为什么会发出类似狼鸣的长嗥?

A13: 狗是群居动物,他们喜欢热闹,害怕孤独,当他们感受到无法忍受的孤独时,会发出"嗷呜——"的声音来呼朋唤友。

不同性格的狗对孤独的忍耐力不同,越能忍耐孤独的狗,越不容易发出长嗥。通常而言,小狗比大狗更怕孤独,黏人的狗比独立的狗更怕孤独,这也是为什么一只狗孤独了3天才长嗥,而另外一只狗没两小时就长嗥了。

> 孤独,不只是发生在家中没人的情况下,它还发生在家中有人,只不过狗身边没人的情况中。如犯了错,被关在淋浴间的狗,断绝了与外界(房间)的联系,一段时间后,他会因孤独感而长嗥。

Q14： 为什么有些狗只要独自在家，就叫个不停？

A14： 独处的狗真的非常想念主人，思念让他们的情感变得脆弱，突然的响动便会引起巨大的消极反应❶，如被关在车里的狗对着掉落在地的钥匙大声吠叫。

排除外界干扰造成的情况（如主人固定的外出时间里，总有敲窗、钻孔、放鞭炮的声响，他们一听见这些声音就叫个不停），若狗无端叫唤，很有可能是患上了分离焦虑症。

Q15： 什么是分离焦虑症？患有这个心理疾病的狗会有怎样的表现？

A15： 顾名思义，分离焦虑症是指狗过分依赖主人，在与主人分离时及分离后产生的一系列焦虑症状。

患有分离焦虑症的犬只，对主人即将离开的信息极度敏感，如听见主人穿鞋、拿钥匙、开门的声音就十分紧张，焦躁不安。而主人离开后，他们会不断吠叫、随地大小便、破坏家具和物品、过度舔舐，甚至瑟瑟发抖。根据主人离开后狗焦虑的表现形式，可以把分离焦虑症的表现分成破坏类、吠叫类、排泄类、抑郁类，这四个表现类型会单独或混合出现（见表3-2）。

● 表3-2 分离焦虑症的四种表现类型

破坏类	吠叫类	排泄类	抑郁类
啃咬沙发、撕咬纸箱、抓挠门框等	不停地吠叫	随处大小便	在家不停地来回踱步、发抖，不停舔舐、意志消沉等

Q16： 只要有"拆家""不停吠叫"的现象出现，就一定是分离焦虑症吗？

A16： 不一定。分离焦虑症虽然有明显的拆家和不停吠叫的症状，但不能绝对地说，有这些现象就一定是患上了分离焦虑症。

对狗心理及行为比较了解的主人，可以通过行为的目的来判断爱犬是否得了分离焦虑症：患有分离焦虑症的狗，发现主人要走就会通过抗议来阻止

---

❶ John Bradshaw. *Dog Sense*. Basic Books 2014.

分离；感到孤单，就通过大小便、摆放物品来营造未分离的假象；感到不安，就通过撕扯、啃咬、过度舔舐来转移分离的不安……总而言之，他们所有的行为目的，都是围绕分离而展开的。

对狗行为目的还不清楚的主人，可以结合爱犬的日常表现，来辅助判断他是否得了分离焦虑症（见表3-3）。

● 表3-3　分离焦虑症常见表现

现　象	说　明
平常是不是特别依赖人	过分依赖人的狗容易患分离焦虑症
不论是在室内还是室外，爱犬一旦和人分离，就会显得极为不自在，甚至害怕到瑟瑟发抖	狗不独立，依赖人的表现之一
平常不怎么叫唤，但主人一离开，爱犬便开始不停叫唤。包括主人把爱犬拴在树下后暂时性离开、主人把爱犬放在陌生环境中的笼子里后暂时性离开等	狗不独立，依赖人的表现之一
和主人在一起时的行为，和独自一狗的行为，判若两狗	狗不独立，依赖人的表现之一
每次都会出现"拆家""不停吠叫""随地大小便"等现象，还是偶尔才出现一次	总这样做的犬只，可能已患上分离焦虑症，偶尔这样做的犬只，有可能是其他原因

Q17：爱犬有分离焦虑症，怎么办？

A17： 狗与主人分离会比与其他狗分离更痛苦，虽然这个痛苦是必须承受的，但主人应该让他们明白"独处也没什么大不了"。

分离焦虑症，说到底是自身安全感的缺失，主人需要从建立安全感及分散不安感两个方面入手（见表3-4）。

● 表3-4　解决分离焦虑症的做法

项目	建立安全感	分散不安感
目的	让爱犬更加独立与自信，不会因为主人的离开就产生害怕、紧张、担忧等不良情绪，从而消除分离焦虑的症状	通过陪伴、转移注意力等方式，缓解分离带来的负面压力，从而慢慢习惯分离，克服恐惧
做法1	逐步减少对爱犬的保护动作，鼓励他自己面对难题	给爱犬找一个伴，可以是一只狗，也可以是一只猫、一只鹦鹉
说明1	很多主人出于对狗的关爱，往往会做出一些过分保护的动作，如未打交道前，主人就担心爱犬会受到欺负，直接将爱犬抱起。这种做法不但没有让爱犬学会社交，反而让爱犬感觉社交是件可怕的事情，只有主人在场才敢社交，丧失独立性。 主人要改掉自己一味保护爱犬的坏习惯	狗是群居动物，单独留守在一个地方，容易产生不安感。 因此，给爱犬安排一个伙伴，伙伴间的沟通、玩耍与相互支撑，能够大大分散他对主人的思念，不容易产生孤单感

续表

项目	建立安全感	分散不安感
做法2	先短暂分离,再逐步增加分离时间,最后才离开家	离家前,带爱犬外出玩耍、运动
说明2	让爱犬知道,主人走开后还会回来,并不是抛弃他。从短短几分钟的室内分离开始训练,之后再慢慢增加分离时间,增加分离程度,最后离开家(离开家也需要从短暂离开开始)。如把爱犬放在纱窗门外,主人先在纱窗门内陪同,然后慢慢远离爱犬,临时走开1分钟、10分钟、15分钟……当爱犬适应这种轻微分离后,再把爱犬放在看得见闻不见的玻璃门外、看不见也闻不见的木门外,循序渐进,最后留爱犬独自在家	玩耍或运动能够消耗爱犬多余的体力和能量,精疲力竭的他们此时没精力去顾及主人,只想在家美美地睡上一觉,因而没时间去担惊受怕了
做法3	平静地离开,不要有夸张的动作和言语,以免让爱犬产生生离死别的紧张和不安	从味觉、嗅觉、听觉、视觉等方面,分散爱犬的注意力。如给爱犬准备一些玩具、零食;打开电视机、收音机;夜晚开灯等
说明3	主人离开时,切记不要对爱犬做出哄、抱、搂等行为,平静地离开即可。夸张的行为会让爱犬误以为即将发生不得了的事情,认为主人在和自己告别,因而担惊受怕。平静地离开会给爱犬传递平和的能量,爱犬明白一切没事,便会心安地在家等待	只要是能分散爱犬注意力的东西都可以尝试留下,这样,爱犬独自在家时就不至于总想着主人、顾虑意外。一些只有在主人离开时才能玩的玩具和特别喜欢的零食,甚至有让爱犬喜欢上这段独处时间的可能
做法4	请专业人员训练爱犬,良好的训练可以增加爱犬的自信心,使爱犬变得更加独立	
说明4	爱犬在耐力、灵敏度等项目的训练过程中,一次次进步会逐渐增加自我认可度。越自信的狗越能掌控自己的情绪,越不容易产生焦虑	
做法5	把环境尽量布置成主人在家时的模样,如户外分离时,主人可以把贴身物品留给爱犬,让爱犬安心	
说明5	在熟悉的环境中等待主人归来,有利于爱犬处于"这里安全"的思维模式中,从而不担心发生意外。如临走前不特地关窗户,突然的紧闭会让爱犬以为外边有危险。 户外分离,主人可以将自己的袜子、穿脏的衣服、空背包、爱犬常用的东西留给爱犬,熟悉的气味会让爱犬安心,不容易产生"主人要抛弃我"的念头	

表3-4仅列举了一些简单而有效的做法,主人可以根据爱犬的具体情况,用其他方法来建立爱犬的安全感、分散爱犬的不安感。

需要主人注意的是,不论用哪种办法,主人都要前后一致。比如,在训练短暂分离的同时,切莫加重对爱犬的保护,否则会使爱犬对分离产生新的迷茫,"主人觉得危险,所以对我加强了保护,但主人又丢下我,这是怎么回事?",有可能加重分离焦虑。

Q18: 没有分离焦虑症的爱犬独自在家时，为什么也"拆家"？

A18: 闹闹由于年龄小，还处于发育阶段，情况特殊一些。长牙换牙时，因牙齿痒，小狗忍不住想找家具腿、拖鞋等硬物去啃咬磨牙。如果主人不加以制止，小狗长大后就会把"拆家"当作一种游戏。

Q19: 没有分离焦虑症的爱犬"拆家"怎么办？如何解决爱犬乱啃咬的坏毛病？

A19: 爱犬觉得自己可以自由支配家里的物件时，就会放心大胆地"拆家"。爱犬之所以勇于"拆家"，是因为他还不知道"拆家"这件事情是不被允许的。因此，主人必须想办法让爱犬知道，"拆家"是明令禁止的。

◆ **解决办法** ◆

主人可以采用以下方法

方法一

主动引诱"犯罪"，抓"犯罪"现行，并给予相应的奖励和惩罚（见图3-2）。

图3-2 主动引诱"犯罪"的方法

❶ 给爱犬拖鞋或木棍等作为"诱饵",暗中观察爱犬反应,如果爱犬未当主人面啃咬,主人可以假装没注意他,或者悄悄离开,偷偷观察。

❷ 若爱犬出现啃咬行为,及时制止,并给予适当惩罚。

❸ 若爱犬未出现啃咬行为,则表扬他并给予奖励。

不断重复以上步骤,直到爱犬不再啃咬东西,给予奖励。时不时地以此方法训练爱犬,遵循做得好就奖励、做错就惩罚的原则。

方法二

错过"犯罪现行",主人全当作事情没发生,在爱犬的面前表露出对"犯罪现场"的不开心,然后再默默收拾东西。

狗不会记得自己"拆家",因为"拆家"这件小事根本不值得他们去记——你没看错,他们根本不把"拆家"当回事。因此,事发之后再指责,只会让爱犬一头雾水。尤其是主人下班回家,一开门就对爱犬发火,只会让爱犬误以为是热情欢迎主人下班惹主人生气了。

与其让爱犬迷茫地错上加错,不如当作什么事情都没有发生,只让爱犬看到主人对混乱不堪的场面很失望。懂事的爱犬一定会明白,"主人不满意凌乱,我以后要留意,不能弄乱了"。

方法三

错过"犯罪现行",强迫让爱犬知道,凌乱现场 + 爱犬 = 惩罚。

虽然爱犬不记得自己拆了家,但主人依旧可以给爱犬建立"拆家"就要受惩罚的相互关系,来迫使爱犬改正坏毛病。

主人回家后带着爱犬回到凌乱的现场,指认每一处错误,并依次惩罚:你看,这是你到处乱丢的袜子,打一下!来,这里是你咬的拖鞋,打一下!还有这里,是你咬的沙发,再打一下!

需要注意的是惩罚忌重,轻拍脑袋或言语责备即可,重度惩罚会迫使他们寻找逃脱的办法,而不去思考挨罚的原因。

如果爱犬见势不对躲起来,主人可以等他出来以后,再带他指认现场。我们要让爱犬知道,一旦做错事,躲得了初一躲不了十五。不得不面对的责罚会让爱犬有所忌惮而不敢再犯。

> 狗一旦逃避成功,之后就会不断地靠躲床底、躲沙发来规避责罚,而不去改正毛病。

主人在灵活使用上述三种方法的同时,还要加强对爱犬日常啃咬、撕扯的制止,不要因爱犬撕报纸的模样可爱就放任不管。要知道,爱犬的每一次"拆家",都建立在若干次撕报纸的基础之上。

Q20： 没有分离焦虑症的狗，为什么偶尔也会在家随地方便？

A20： 有时候，是因为他们憋不住，不得已而为之；有时候，他们觉得在家方便无所谓，所以就在家解决；还有时候，是他们觉得自己受到冷落，用这种方式，甚至用吃屎的办法来引起主人的注意和关怀；更有时候，是他们心有不甘，故意用这种方式来报复主人，表达不满。

> 帅帅在他三个多月大的时候，被我托付到朋友家寄养。一周后，我满心欢喜地来到朋友家接他回家，不料他正眼都不看我一眼，仿佛我是陌生人，只有埋怨和冷淡。回家后，我对小帅帅又哄又抱，可他还是一副爱答不理的样子。无奈下，我只好先做饭，没想到他趁着我做饭的工夫，努力爬到我床上，在被子上拉屎。东窗事发后，小帅帅就站在卧室口，冷漠地看着我。我知道之前我们相处时间短，短到他还不够信任我，短到他错以为被我抛弃了。我分明感觉到他在用我的底线报复我、试探我。最终，我通过了他的考验——不责怪他，使他对我立刻摇起了尾巴。这就是帅帅给我上的一次，也是唯一一次复仇课。

Q21： 为什么爱犬总是在家里的某个地方大便或小便？

A21： 狗其实是又爱干净，又讲究的。什么区域该做什么事，他们一清二楚，因此，我们很难看见爱犬在自己睡觉的地方、吃饭的地方方便，却常看见爱犬一到草坪的某个位置就立刻方便。

> 除非身体欠佳（憋不住要拉肚子）、自由受限，狗不得已会在非厕所区域排泄，否则，即使是那些被迫在笼子里生活的狗，他们也常常会憋着屎尿，等出笼再方便。

爱犬之所以总在某个相对固定的地方方便，是因为他打心底认定那个地方就是适合的——对他来说，这就是厕所，或者是象征自己主权的图腾。

Q22: 如何改掉爱犬总在家里某个地方方便的坏毛病?

A22: 狗原本无法辨别家中各区域的功能,就像小孩也要经过后天的学习才知道哪里是吃饭的地方、哪里是方便的地方一样。爱犬来到家里时,也会通过观察和学习,来自行判断每个区域的功能:这里(卧室)是大家睡觉的地方,这里(餐厅)是大家吃饭的地方,这里(厕所)是大家方便的地方,这里(客厅)是大家休闲玩耍的地方。

当主人未正确引导爱犬或做出一些和爱犬认知相违背的行为时,爱犬就容易按照自己的想法,重新调整区域功能,但这些调整很可能让人难以接受。比如,主人总是在厕所喂爱犬,爱犬就容易把厕所当作进食区;主人总把犯错的爱犬关在厕所,爱犬就容易把厕所当作不好的场所。原本适合方便的地方不再适合了,怎么办?爱犬只好把眼光转向其他区域,"这儿又宽敞又明亮,平常玩耍也是在这,我就从这里找一个地方当厕所吧!",客厅/阳台的某个区域因而变成了"厕所"。

因此,要纠正爱犬总在家里某个地方方便的坏毛病,就要从改变爱犬的生活区域做起(见图3-3)。

图3-3 纠正爱犬乱排泄的方法

❶ 主人应重新规划爱犬的生活区域，并在规定的区域做该做的事情，改掉会让爱犬产生迷茫的不恰当行为，如在被定为方便区域的厕所喂狗。具体可见图 ❶，主人把厨房作为禁入区（蓝色区域），把卧室作为需经主人允许才可进入的区域（绿色区域），剩余作为可随意进出的区域（橙色区域）。接着，主人再根据家庭情况，将阳台定为爱犬的进餐区，厕所定为方便区，客厅定为娱乐区，卧室附近定为休息区。

❷ 在指定的排泄区域放置一些沾染爱犬尿味的物品，或者使用小便诱导剂。

❸ 在爱犬即将排泄时，及时带领爱犬去指定排泄区域，直到爱犬在此排泄完才放其出去，并给予奖励。

❹ 若爱犬在其他区域排泄，主人应当制止并给予适当惩罚，用 84 消毒液等彻底去除屎尿味。

长期坚持，直到爱犬彻底改掉坏习惯。

Q23：爱犬总对着家里的椅子腿、墙角撒尿，这是为什么？该怎么办？

A23：当爱犬是整个家庭的领导者，也就是头狗时，会用标记气味的方式来宣告主权。与爱犬错把地面当厕所不同（见图 3-4），他们会刻意挑选椅子腿、墙角、柜子等有立面的地方，然后抬腿撒尿做标记（母狗也会抬腿撒尿）。

要纠正这个行为，除了训斥爱犬、彻底去除尿味之外，最根本的解决办法就是，主人要想办法夺回头狗之位。具体的办法可参见 P145~P148 的 Q16、Q17。

图 3-4 不同的撒尿动作代表不同的意义

❶ 误以为是厕所：常选择平坦宽敞的地面，蹲着尿。
❷ 象征主权：常选择角落、有立面的地方，站着抬腿尿。

Q24： 爱犬为什么害怕笼子？爱犬拒绝进笼子该怎么办？

A24： 狗对限制自由的笼子有本能的抗拒，但只有在笼子里遭受过痛苦，或看见其他狗在笼子里遭受过痛苦的情况下，才会害怕笼子。

当爱犬拒绝进笼子时，主人应当先观察他对于笼子的态度，是普通的抗拒还是近乎挣扎的抗拒。

◆ **解决办法** ◆

普通抗拒，看起来很谨慎的样子（见图 3-5）

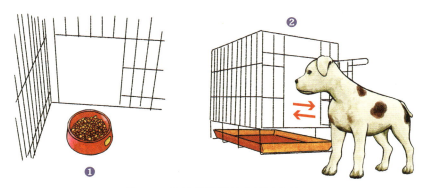

图 3-5　狗较抗拒进笼的解决办法

❶ 在笼子里放一些爱犬喜欢的食物或玩具，引诱爱犬进入。如爱犬对笼子反应不大，可尝试关闭笼门。

❷ 爱犬第一次进笼，几分钟后即可放出。待爱犬习惯笼子后，再慢慢延长时间，慢慢减少至取消笼子里的食物或玩具，慢慢变成无人陪伴。

- 切忌对笼中爱犬做出批评、体罚等不良行为，以免爱犬对笼子产生负面情绪。

十分抗拒，看起来在挣扎（见图 3-6）

❶ 把笼子放在爱犬经常出入的地方，刻意带领爱犬不断在笼子附近走动，直到爱犬对笼子不再出现明显的抗拒行为。

❷ 在笼子附近放一些爱犬喜欢吃的食物，牵引爱犬进食，随后慢慢将食物靠近笼子。多次重复，待其对笼子不再明显抗拒后，尝试把食物放在笼门处，牵引爱犬进食。视爱犬的反应情况，可以慢慢将食物往里挪，或多次反复让爱犬进笼进食。当爱犬开始轻松进食后，可尝试关闭笼门。

❸ 爱犬第一次进笼，几分钟后即可放出。待爱犬习惯笼子后，再慢慢延长时间，慢慢减少至取消笼子里的食物或玩具，慢慢变成无人陪伴。

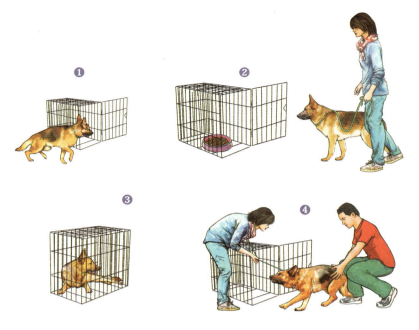

图 3-6 狗十分抗拒进笼的解决办法

- 全过程需主人耐心引导，视爱犬反应，适当分多天循序渐进地练习，不可操之过急。
- 若爱犬强力扒地不肯进入，可以一人在前牵引，一人在后推搡爱犬入笼，坚决不能让爱犬成功逃脱，否则更难以进笼（见图 3-6 的 ❹）。
- 给笼中爱犬多一些肯定和鼓励，切忌对笼中爱犬做出批评、体罚等不良行为，以免爱犬对笼子产生更糟糕的负面情绪。

Q25：爱犬为什么会突然对着已经进门的客人叫？

A25：客人敲门、主人为客人开门、客人进门，爱犬都没有把对方视为入侵者而表现良好，却突然对着已经走进客厅的客人吼叫。这很可能是因为以下几点：

客人情绪突变

情绪突变会让狗觉得异常，而向主人发出警报。如原本很放松的客人突然紧张、原本很开心的客人突然痛哭等。

客人突然弄出很大动静

狗会被突发的声响吓到，从而觉得受到威胁。如客人突然大吼、木工师傅打开电锯等。

客人用不正确的方式与狗沟通

不了解狗的客人与狗打招呼、玩耍时,很容易有冒犯狗的举动。如居高临下地紧盯狗眼睛、拉扯狗尾巴、强行摸狗等。

狗看到客人携带有潜在威胁的物品或做出有威胁的动作

木工师傅从工具箱里掏出扳手和锤子,客人从口袋里取出一大串钥匙,狗觉得这些物品不太安全,客人拿这些物品的动作又像是准备发起进攻。深深的不安感让狗对着物品或者施加动作的客人叫。

出行时的问题

情景再现

我是蹦蹦！每天早上在主人床头蹦蹦跳跳地吼他起床——我们家有每天早上 6 点半去公园溜达的习惯。因此，每天 6 点，我都准时蹦到床上，想尽一切办法叫醒主人这个大瞌睡虫。

主人被蹦蹦扰得不胜其烦，最终和往常一样，依依不舍地起床。

喂，主人！你可赶紧的吧，动作太慢了！我先去拿狗绳过来！

蹦蹦乐呵呵、急急忙忙地叼着牵引绳，一屁股坐在门口，准备出门。可正在此时，主人接到需要即刻处理事务的电话。

嗯？怎么了？你怎么往书桌那边走？！大门在这个方向！你过来，过来！

蹦蹦多次尝试引领主人朝大门走，均以失败告终。

啊啊啊！我不管！我不管！我们说好了的，你就得带我出去！不带我出去，我就要生气！哼！哼！！哼！！！

蹦蹦冲着主人吠叫，一顿闹腾无果后，站起来用前掌一直按住主人的手。主人被蹦蹦害得无法工作，只好先带蹦蹦出门玩耍。

开心呀开心！美妙呀美妙！我每天最期待的就是清晨的开门声！

蹦蹦激动得在门口不停地绕圈小跑。门一开，蹦蹦便疯了似的第一个冲出家门。

这就是清晨的味道！这就是爽呆了的感觉！噢！太棒了！！！我太期盼清晨的公园了！走快点！！

蹦蹦走在前面，使劲拽着主人向前跑，主人被迫跟在后头，小跑着到了公园。

嗯？今天可真奇怪，逛了这么久，一只狗伙伴都没碰到。只好到处闻闻了。

主人准备带蹦蹦回家，可是任凭主人怎么叫，蹦蹦都一副没听到的样子，不理会主人。最后还是主人强行扯着牵引绳往外走，蹦蹦才放弃了闻草坪，跟在主人身后满意地回家了。

● **行为解析**

Q1: 为什么爱犬每天一到点就要叫醒主人？

A1: 因为主人总在 6 点半带蹦蹦出门玩耍，固定的作息让蹦蹦有了到点就得玩耍的想法，为了督促主人按照规律行事，蹦蹦就会用他的方式叫主人起床、催促主人。

Q2: 为什么我的爱犬不会叫我起床，可是一听到电话铃声，就会拉我外出？

A2: 这个问题和叫醒主人的问题如出一辙，只不过换了一个场景。因为爱犬发现，每到傍晚主人在电话里说"好的""在哪""来了"，他就能出去玩。于是，爱犬在傍晚时分，一听见电话铃响，便尝试请求出门玩耍。请求成功几次之后，爱犬加深了对接电话可以去玩的认知，长此以往，只要电话铃响，他就叫主人带他出去玩。

其实，不只是"电话铃响"，只要是爱犬认定的、呈规律的标志出现，他都会提醒主人出行：如总在晚饭后外出，一吃完晚饭他就会闹着出门；又如主人出门前总要换衣服，他想出门时就会主动叼衣服给主人，等等。

Q3: 为什么爱犬会主动拿牵引绳、坐门口？

A3: 拿牵引绳是爱犬在生活中学会的，是在主人的许可（默许也是一种许可）之下施展的技能。当爱犬建立起出门和拿牵引绳的联系时，他便会主动把牵引绳取来。爱犬乖巧地将力所能及的事情完成，不仅取悦了主人，还缩减了主人出门的准备时间。

爱犬坐在门口，是在示意主人"一切已准备就绪，我随时可以出门"。

Q4: 察觉到主人无法带自己出门时,爱犬为什么要冲着主人吵闹,甚至发火?

A4: 在蹦蹦看来,此刻没有外出,是主人在违反规则。违反规则者,要受到同伴的"制裁",因此,蹦蹦对主人叫,批评主人的"错误"行为;对主人闹,阻止主人继续"错"下去;督促主人,引导主人做"正确"的事情。

Q5: 怎样改掉爱犬逢点就吵,不得意就闹,影响主人正常生活的坏习惯?

A5: 之所以有这个坏习惯,是不良意识在作祟。要消除错误意识,就要主人重置规矩。

在这个案例中,蹦蹦所接收到的规矩是"到点主人就该和我一起出去玩"。主人应当把蹦蹦的规矩调整为"即使到了玩耍时间,主人不想出去,我也不出去"。

◆ 解决办法 ◆

❶ 稍微更改外出时间,由原先的固定时间,变得不确定一些。
❷ 主人必须优先处理自己的事情,完成自己的事务之后,再带爱犬出门。
❸ 爱犬想外出玩耍时,主人可以无视他的出门请求。
❹ 爱犬在大吼、捣乱时,主人可以表现出对这些行为的抗拒,如态度坚决地推开爱犬的爪子(态度不坚决或带笑意,会让爱犬以为这是个游戏),或者无视爱犬,直到他放弃出门的念头。
❺ 在出门前,尽量不要有标志性举动,要让爱犬明白,是否出门得看主人的意愿,而不是某个动作是否发生。如标志性举动是拿钥匙,主人可以拿好钥匙,但就不出门,以此打消爱犬"只要给主人钥匙,我就可以出门"的错误想法(见图3-7)。

图 3-7 人与狗对"拿钥匙"这个动作的不同认知

Q6： 爱犬在出门前，为什么要在门口不停地转圈小跑？

A6： 现代狗虽然不再狩猎，但他们把每一次出门都当作狩猎看待，因此，在每一次出门前，蹦蹦都要举办狩猎仪式。不停雀跃小跑地转圈就是这个狩猎仪式，它不仅能表达被挑选去狩猎的荣誉和兴奋，还能为之后的狩猎热身。

该动作与见到主人扑跳，可以构成一个完整的狩猎仪式动作，详细可见P39。

Q7： 爱犬为什么一出门就开始狂奔？

A7： 就像我们期待已久的事情发生时，会手舞足蹈、奔跑喊叫。蹦蹦每天待在家里期待出门玩耍，门一打开，他就觉得期待实现了，于是开心地狂奔，宣泄兴奋的情绪。

Q8：如何改掉爱犬一出门就狂奔的习惯？

A8： 我们无法阻止一个正在发狂的人，同样也无法调教一只高度兴奋的狗。要想改掉爱犬出门狂奔的习惯，就必须从源头加以制止——想办法让其平静地等待出门，平静地出门。

◆ 解决办法 ◆

❶ 主人带爱犬出门前，情绪需保持平静，可以用平和的语气叫爱犬出门，不可以用高昂、喜悦的语气叫爱犬出门，否则他们会被传染而变得兴奋无比。

❷ 若爱犬是在兴奋状态下，则不出门。如果爱犬表现得欢呼雀跃、活蹦乱跳，主人就放弃出门，转做其他事情，直到他听到"出发"不再兴奋后再带他出门。

❸ 爱犬若在开门瞬间或出门后又变得兴奋，主人应当立马掉头，把爱犬带回家，等爱犬兴奋劲消失后重新出门。

❹ 每当爱犬接近狂奔地点时，主人可以强迫爱犬坐下或卧下，等爱犬平静之后，再慢慢牵着他走过这个地方。

> 长时间的出门习惯，让狗形成了一系列的条件反射，例如主人总是一开门就出去遛狗，导致爱犬一看见门被打开，就兴奋无比地朝外头冲。对这只狗来说，开门是玩耍的信号，因此，每当他接收到信号时就会往外跑，久而久之地发展为靠近门就开始狂奔，这时，门就是他的狂奔地点。实际上，每只狗因饲养环境和习惯不同，会有不同的狂奔地点。这个狂奔地点就像一个无形的起跑线，可以是门（不管门开了很久还是才开，只要一过了门槛或门缝的地砖线，他就开始狂奔），可以是走廊出去的第二块砖，也可以是楼梯口的扶手处等。主人可以通过观察爱犬，看他基本上都是从哪儿开始狂奔的，来确定他的狂奔地点。

Q9：爱犬平常都走在主人后边，但只要是去公园玩，他就要拉扯着跑在主人前头，这是为什么？

A9： 公园有爱犬喜欢的气味、喜欢的小伙伴，他急于玩耍，急于宣泄满身能量，因此会拉扯着主人跑在前方。

主人需要让爱犬明白，就算是着急，他也不可以跑到主人前面，更不可以拖拽主人。

◆ 解决办法 ◆

❶ 力气对抗。通过主人的力气,拉住向前冲的爱犬,强行让他行走在主人之后。
❷ 爱犬一旦走到主人前方,主人就停止不前,甚至可以往回家的方向走。
❸ 在保证爱犬在自己身后的前提下,可以偶尔带着爱犬跑去公园,帮他发泄能量,照顾他想尽快去公园的心情。

> 如果爱犬不论是平常,还是着急玩耍时,总走在主人前面,拉着主人跑,这便是爱犬无视主人的表现,详细可参看 P141 的 Q11。

Q10:爱犬在闻东西时,为什么完全不理会主人?

A10: 当狗专注于做某件事时,很难被普通的动静干扰,这就是为什么蹦蹦在闻东西,分析气味时,很难听见主人的喊叫,导致主人误以为蹦蹦不理会自己。

◆ 解决办法 ◆

主人可以通过加重语气、加大音量、突然用手触碰爱犬(需要一点力道)、利用一些特别的声音(如呲呲等)来唤"醒"爱犬。

Q11:首次接触车时,爱犬为什么很紧张,不敢上车?

A11: 对于没有接触过车的狗来说,车是陌生的。陌生的事物容易让敏感的狗产生"这是什么,会不会有危险"的顾虑,这些紧张的情绪在那些天生谨慎、胆小的狗身上,就显得尤为明显(见图3-8)。

图 3-8 狗会害怕陌生事物

Q12: 爱犬为什么不怕车，不躲避车？

A12: 很多人觉得爱犬不躲避往来车辆，是因为他笨。事实上，狗从来不会做损害自己利益的事情，更不要说拿自己生命开玩笑的事，他们之所以不躲避车辆，很多情况下是因为他们不知道车辆会对自己造成伤害，还有时候是因为他们被其他事物所吸引，如马路对面突然出现的一只狗，从而忽略了车辆在靠近的事实。

> 帅帅小时候同一只白色流浪狗（姑且叫他小白吧）在田野附近玩耍，小白大概很久没有遇到狗伙伴了，玩得特别疯狂。正在此时，一辆汽车加速从一旁经过，碾压死了正在开心奔跑的小白，小白当场毙命。帅帅站在一旁目睹了小白被卷入车轮即刻死亡的整个过程，从此以后的很长时间，他都觉得汽车是个很恐怖的东西，远远地看到车就会踌躇地站着。

Q13: 为什么爱犬坐车会特别兴奋或特别紧张？

A13: 车能够给狗提供与众不同的体验，特别是当车窗打开时，完全陌生的气味及快速变化的风景能给他们的感官带来非同寻常的刺激。

对于乐于接触新鲜事物、喜欢挑战的狗来说，这种体验新鲜感十足，结合下车后总可以在不同地方玩耍的快乐经历，他们因而感到特别兴奋。相反，那些害怕陌生事物、不喜挑战的狗，在接触到这种体验时，会倍感不适，因而显得特别紧张。

Q14: 爱犬为什么怕瀑布、河流、篝火？

A14: 动物一向敬畏大自然，狗也不例外。机灵的他们明白狂风、大浪、火焰会对自己造成伤害，因此，他们本能地害怕那些磅礴的瀑布、湍流的河水、熊熊的焰火。此外，他们还会害怕巨大的声响（打雷、爆炸、放烟花等）、摇晃或悬空的地面（摇晃的铁索桥、地震等）、一看就会造成巨大伤害的自然灾害（台风、火山喷发、山崩等）。

> 若爱犬在社会化期或年幼期的前几周听到鞭炮声❶，或被专业人士训练，或在频繁接触危险的过程中未遭受到伤害，那么在他心里会降低该事物的危险等级，变得不害怕。

---

❶ John Bradshaw 在 *Dog Sense* 一书中指出，给社会化期及幼年期前几周的幼狗听鞭炮声可以有效让他不惧怕巨大声响。

与陌生人见面时的问题

情景再现

我是高贵冷艳的社交高手，总能很快地虏获他人芳心，不过我一点儿也不喜欢主动与陌生人打交道。可能是由于我的气质，又可能是因为我总独来独往，主人叫我侠客。

我不喜欢主动与陌生人打交道，是因为他们总用我反感的方式和我打招呼。比如头次见面，他不认识我，我也不认识他，对方突然就用力地摸我的头，震得我头难受。如果我不想被摸，稍微避开他们的手，他们就会同主人说："你这只狗还有点凶，都不让人摸"。你说，我啥时候凶了，不舒服就避开，狗之常情。再说了，我都没有表现出想要他们摸的样子，擅自摸我，好歹也征求一下本狗的同意嘛！我要是人，初次见面，非亲非故，突然摸一下别人的头，谁乐意啊？

还有，碰到一些小朋友，一上来就拽我的尾巴。天啊！谁喜欢一上来就被抓小辫子！而且真的很疼！

这不，主人又要带我往人多的地方散步，我又要被迫和陌生人打交道了。

> 侠客被远处一位说话大声、手舞足蹈的路人甲所吸引。从声音来判断，侠客感觉到了威胁，走近后侠客又感觉到了有攻击性，原本就有防备的他立马起了警戒心：耳朵、胡须前倾、眼睛圆睁，身体微微向前探，原本自然垂下的尾巴朝身体左上方略微翘起。

出小区没多久，我就听见从远处传来大嗓门说话的声音，语气很粗重，一听就不是善茬，等会儿我得小心避开他。哼，果然，手上还抓着武器（其实只是芦苇枝）挥来挥去。我下意识地提高了警惕，密切关注他的行动，以防被他伤害。

> 确认路人甲虽有威胁但不会针对自己和主人之后，侠客放松了戒备，但仍保有警戒。他耳朵向后一摆，快速地小跑着经过路人甲。

他似乎并不关注我们，看来我只要跟紧主人，小心点就行。不过说实在的，我也不知道他会不会搞背后袭击，被主人牵着，我绕不开，那就快点远离他。

一阵风吹来，恰逢一位姑娘从我身边走过，这浓郁的香水味，让我觉得有些刺鼻，我忍不住打了个喷嚏。这声喷嚏可把与她同行的另一位姑娘乐坏了，她转过身就朝我笑。等等，我怎么从她身上闻见了狗味？我努力抬起头，使劲地嗅着她身上散发的味道，要是没被主人牵着就好了，那样我就可以跑上去仔细闻一闻。

    侠客朝着路人乙的方向使劲昂头，鼻子两翼不断地起伏，一边闻一边滴落鼻水。

又走了一会儿，主人遇上了每天都见面的老朋友。

    老朋友和主人聊完后，才同侠客打了个招呼，摸了摸他的背。

我礼貌地轻摇尾巴以示回应。没想到他今天心情不错，额外抚摸了我的背，大大的手给我注入了如家人一般的温暖，我抑制不住心中的喜悦，主动走到他脚边，低着头，侧着身子紧挨着他的腿绕着走，陶醉地享受来自背部的爱抚，我可真是喜欢你呀！我愿意做你的小弟！

    侠客同主人的朋友打完招呼后，被朋友的友好所征服，主动向他表示了好感和顺从。

依依不舍地告别主人的朋友后，我看见马路对面有个陌生的小女孩和我打招呼。这是什么情况？我可不认识她。

    路人丙天生喜爱狗，一看见侠客，便满心欢喜地想同侠客玩耍。侠客对这种纯粹的友好不设防，只是好奇这突然的招呼。于是，他歪着头，看着路人丙一步步走近。

天啊，她怎么一直看我，虽然她的个头没比我高多少，还是个小朋友，可一直居高临下地看我的眼睛，我压力好大啊。为了缓解紧张，我只好默默地打了个哈欠，不料她笑着对主人说："哈哈，他可真逗，出来玩还能犯困。"虽然我听不懂她在说什么，但我能感觉出来，她在笑我，这小姑娘！

随后，她蹲下来和我玩了一会儿，还帮主人牵了会儿狗绳，我跟着她走了几步，我还挺喜欢这种莫名的亲切感，因此我没有拒绝她抚摸我的头。

接下来，主人带我来到了一片草坪，这有绿绿的草、各种味道的虫子，还有……还有一个很奇怪的人！他突然站着不走，满脸害怕地盯着我，他是做了什么亏心事搞得这么胆怯吗？我得上去闻闻，看他是什么情况。

    侠客觉得路人丁莫名其妙地害怕自己是件很可疑的事情，于是，他凑到路人丁的脚边，不断地闻。

这个人到底怎么搞的，越来越害怕我！

    侠客的接近，把原本就感到害怕的路人丁弄得更加紧张，情急之下，路人丁开始用力踢草坪，企图驱赶侠客。

嚯！吓我一跳！你要干嘛！想打架吗？！我可不想打，我警告你，打架你一定输！

    原本毫无进攻打算的侠客被路人丁突然一吓，认为对方正在发出攻击前的警告，于是也用吼叫来震慑和反击。主人见状不对，赶紧安抚路人丁，告诉他"你别害怕，你越怕狗，狗越要找你，不是有句话叫越怕狗的人越被狗欺负嘛！"，说完便匆忙把侠客拉走了。

● **行为解析**

Q1： 为什么有些狗不喜欢被陌生人轻易触碰？

A1： 任何动物，包括人类，都不愿意受到随便的触碰，特别是一些敏感部位。狗只愿意让特别亲近的人抚摸，陌生人若未经过狗或狗主人的允许，擅自抚摸他，可能会招致狗的攻击。我们觉得狗是在主动攻击，其实对狗而言，这是反击行为。

可以试想一下，当我们在路上走着，突然被一个陌生人拍头、搂肩，我们会生气，会闪避。若被陌生人袭胸、摸屁股、摸脸蛋，我们会觉得受到侵犯，从而给予反击。

Q2： 为什么有些狗是自来熟，愿意让陌生人随便摸？

A2： 由于每只狗的防备意识、警觉意识、生活经历不同，所以对陌生人触摸这件事，有不同的接受度。如一只毫无警戒心的狗，愿意让陌生人随便摸，而另外一只警戒心强的狗，甚至都不愿让人接近。再如，一只成天被主人抚摸后背，享受后背按摩的狗，愿意让陌生人抚摸后背，而另一只后背曾遭受过捶打的狗，会格外保护后背，一看到陌生人要伸手摸后背，就立刻跑开。

Q3： 为什么有的狗愿意让人摸背，却不愿意让人摸头？

A3： 其一，头部相对于背部，更私密；其二，当我们面向狗脸伸手摸头时，狗会因为视线被手掌遮盖，而做出明显的躲避动作，如向后退、歪头等；其三，正如第二章介绍，狗有很多敏感的触须分布在头部，那些短到难以被发觉的头顶触须，会因手的压力、气流及温度的突然变化等而感到不适，头顶自然而然地不愿意被随意抚摸。

Q4: 狗身体的哪些部位不喜欢被陌生人触碰?

A4: 狗愿意让主人触碰身体的任一部位,让熟人触碰身体的敏感部位,让陌生人触碰身体的普通部位,或者哪里都不让陌生人碰。当我们错误触碰犬只的禁区时,可能引发狗的攻击,因此,作为主人,必须清楚知道爱犬哪些地方允许陌生人触碰,哪些地方不允许。

越敏感、越脆弱、功能越丰富的部位,狗越不愿意让陌生人触碰。

敏感,指的是感觉灵敏的部位,只要稍微被触碰,就能引起狗生理上的快速反应,如胡须、鼻头;脆弱,指的是身体防御能力弱、易受伤的部位,如眼睛、肚子;功能丰富,指的是具有两种或多种不同功能的部位,如尾巴、耳朵。

结合人们常触摸的区域,我们可以简单地分为三个等级:狗不容易抵触的普通区域,容易引起狗警戒的敏感区域,容易引发狗攻击的特别敏感区域(见图3-9)。

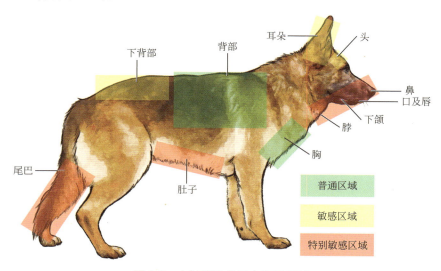

图 3-9 人触摸狗的三个等级区域

从图 3-9 可以看出,狗最不喜欢陌生人摸自己的口鼻、脖子、肚子、尾巴,擅自摸这几个地方,狗会认为自己遭受了侵犯,会立马做出防卫的姿态,看起来具有攻击性。狗也不太喜欢被陌生人摸头、耳朵、下背部。狗较容易接受陌生人摸背部和胸部。

在生活中,我们常常会遇见一些人不理解狗抗拒抚摸的原因,仍坚持伸手随意摸狗。这时,主人可以通过类比的办法向其说明:狗尾巴如同人的辫子,受到拉扯会感到不舒服,还会觉得受到了极大的侵犯;狗鼻子如同人的鼻子,脆弱而易受伤;狗的头顶如同人的脑门,只愿意让亲近的人抚摸;而狗肩部如同人的肩膀，只要对方无恶意，愿意接受陌生人的轻拍等。

> "陌生人"指的是不认识、不了解的人，是主观性很强的概念。有时，我们觉得是"陌生人"，也许狗并不觉得陌生。比如走在主人前面的行人，对我们来说是陌生人，但对狗来说，可能因为充分的情报搜集，熟识了他的声音、气味等，已变成了暂时性的熟人（离开半小时可能就忘记了这个声音、气味）。因此，当这位行人转身过来摸狗时，狗很可能会用熟人的方式对待他，如主动探脑袋求摸头，尽管我们仍旧觉得对方是个完完全全的陌生人。不同经历、不同性格的狗会有不同的抚摸喜好。

Q5: 狗不喜欢陌生人的哪些举动？

A5: 那些让狗感到不安全、产生紧张感及不适感的举动，狗都不喜欢。狗不喜欢的常见举动有下面几种。

未经狗主人、狗的邀请或允许，擅自摸狗。

唐突的抚摸，会惊吓到狗。特别是有时，不懂狗的陌生人不会分辨狗的精神状态，擅自抚摸一只神经正极度紧绷的狗，很可能会导致狗做出攻击性举动。

抚摸的位置或抚摸方式不恰当。

狗会重点保护脆弱的、私密的、有伤的身体部位，陌生人的错误抚摸会让狗深感愤怒或不安。

眼睛被盯着，特别是对方居高临下地死盯。

对狗而言，被盯着是一种冒犯。陌生人居高临下地死盯着狗，不仅给狗造成巨大压力，还意味着下"战书"——在狗的社交中，盯眼睛有"我更强"的意思，两只彼此不服气的狗很容易因此展开打斗——接受"战书"的狗将不惜用武力来证明自己。

站着和狗互动，而不是蹲下来。

狗的个头和视线高度远低于人，当人（尤其是大高个）站着和狗互动时，很容易给狗带去距离感和压迫感。

对狗大吼大叫、用力跺脚、挥舞棍子、丢小石子。

这些有强烈警告意义的动作，会让狗感到紧张不安。

突然朝着狗，特别是狗屁股方向跑。

这会吓到狗。

强行让狗做一些他不愿意做的事情。

Q6: 狗在什么情况下会主动闻陌生人？

A6: 路人乙或许摸过狗，又或许是家中养狗，身上沾有其他狗留下的气味，引发了侠客的兴趣，因此侠客主动嗅路人乙，伸着脖子抬着头想闻味道的"发源地"（见图3-10）。

狗会对不寻常的气味感兴趣，如血腥味、性气味❶、其他狗的气味、其他动物的气味、胭脂香粉味、肉香味等，当一个人身上带有这些气味时，狗就会主动闻陌生人，为自己搜集情报。

图3-10　向气味源闻去的狗鼻子

Q7: 为什么狗会在空气中乱闻？

A7: 狗不是直接闻向气味源，而是需要用鼻子追踪气味分子，逐步接近气味源，然后用眼睛辅以锁定。因此，我们能看见狗晃着鼻子在空中嗅着。如果气味源就在狗鼻子附近，刚好有风吹过，那么我们还能看见狗鼻子"偏移地"划了一条弧线后，才把头指向气味源。

---

❶ 身处经期、经期前后、排卵期、刚生完孩子、哺乳期的女性，刚性交完的人，由于性器官散发的信息素发生明显变化，而容易引起狗闻嗅人的胯部。

Q8: 爱犬在路上为什么突然打喷嚏，后来又流鼻水，是感冒了吗？

A8: 不是。浓郁的香水味刺激侠客，侠客不自觉地打了个喷嚏。之后，侠客又在路人乙身上闻见了他特别感兴趣的气味，于是侠客用鼻子对气味分子进行分析，鼻头中进行的一系列化学反应，生成了像鼻水一样的液体。

Q9: 如果陌生人想同爱犬玩耍，主人应当如何引导对方同爱犬正确地打交道？

A9: 当对方提出想同爱犬接近时，主人需要引导对方正确地与爱犬打交道。

第一步，观察爱犬此时是否愿意同对方玩耍。

如果爱犬十分紧张、特别害怕，表现出强烈拒绝玩耍的样子，主人需回绝对方的请求。如果爱犬仅表现出些许的紧张和害怕，主人可以想办法安抚、鼓励爱犬，让爱犬放松（用鼓励的口气同爱犬说话、拍拍爱犬胸脯给爱犬自信、揉捏爱犬背部帮爱犬舒缓紧张感），当爱犬准备好面对陌生人后，再邀请对方接近爱犬。

第二步，引导对方慢慢来到爱犬附近，让爱犬熟悉陌生人的气味。

有 3 种简单的方法，可以帮助爱犬熟悉陌生人（见图 3-11）。

❶ 当陌生人站着和主人聊天的同时，顺势让狗闻陌生人脚散发的气味。
❷ 让陌生人蹲下来，把手背给狗闻。
❸ 放一件有陌生人气味的随身物品到狗旁边，如外套、包包。

第三步，随时查看爱犬对陌生人的接受情况。

只要爱犬不抵触，则可以让对方从背部开始摸狗。如果对方想摸爱犬头部，主人可以引导对方从爱犬的侧面或背面伸手摸头，避免正面伸手摸，导致爱犬产生抵触。

第四步，当爱犬已经完全接受了对方后，主人可以按照爱犬的意愿和喜好，选择性地引导对方同爱犬玩耍。

注意

1. 主人与陌生人的交谈氛围应当轻松、平常，这样会让爱犬觉得一切安好，放心地同陌生人打交道。

2. 整个抚摸、玩耍过程，除非狗主动、自愿地请求对方摸肚子、尾巴、嘴等十分敏感的部位，否则不要触碰这些部位。

3. 主人可以向对方告知爱犬不喜欢的事情，以免对方"犯错"。若已发生，主人需要及时制止,并做好解释说明。

4. 看见对方不恰当的行为时,主人不要紧张、大喊大叫、一惊一乍,以免爱犬看见主人失常的行为,误以为危险即将发生,出现吠叫、攻击等护主行为。

5. 主人可以通过轻拍爱犬肩部和胸部、抚摸爱犬、轻捏爱犬背部等方式,来疏散爱犬的负能量。

图 3-11　让狗熟悉陌生人的 3 种方法

Q10： 有时陌生人看着爱犬,爱犬会显得不自在,是害羞了吗？

A10： 在狗看来,眼睛对视可不是一件友善的事情,它代表着侵略、压迫,我们可以理解为对峙。

在两只狗的较量中,对视往往是战争的第一步(开启心理战)——若没有一方愿意将视线移开,那么接下来很可能会爆发肢体对抗。

这就是为什么,无论路人丙的眼神多和善,侠客都觉得是一种压制。

倍感压力的侠客为了避免冲突,用转头避开直视,用打哈欠来缓解紧张。

Q11: 狗发现路人害怕自己,为什么还凑上前闻?

A11: 设想一下:我们悠闲地在花园漫步,迎面来了一位神情慌张、面色难看的人,他惊恐地盯着我们,不断露出害怕的表情,我们会怎么想?

有些人的第一反应是产生疑虑,询问对方"怎么了""发生什么事了";有些人的第一反应则是跟着害怕,"附近可能发生了什么不得了的事情!";还有些人的第一反应是觉得这个人不正常,可能会伤到自己,"这个人不是精神有点问题吧,我得离他远一点!"

这些不同的反应都是正常的,无对错之分。当我们把这些反应放到狗身上时就会发现,原来他们的反应和我们一样:有些狗看见害怕自己的人会疑虑,"你在怕什么""为什么对着我害怕",于是他们凑上去闻,想通过嗅觉来判断到底怎么回事;有些狗看见害怕自己的人,会跟着害怕周围有不安全的事物,于是他们掉头就跑;还有些狗看见害怕自己的人,觉得对方是危险分子,有可能威胁到自己的安全,于是他们用吠叫来示威、震慑对方。

显然,侠客属于发现问题,就想通过信息收集和分析来探个究竟的性格,于是他凑上前去闻路人丁。

Q12: 为什么有"越怕狗的人越被狗欺负"的说法?

A12: 虽然没有权威的科学研究来证实这句话,不过,人汗液所散发的化学信号产生细微的变化,确实会让狗感知到对方在害怕,"我没做什么,他就害怕我,这件事情太诡异了!"

不同狗在不同环境下,对"诡异"做出的反应不同,或走近嗅,或围着人转。这些反应让害怕的人变得更害怕,而狗却照旧我行我素地收集对方信息,甚至会用吠叫来回应对方的恐吓,看上去就像在欺负害怕者一般。

我们可以用表情欺骗他人,却无法欺骗自己的身体。不管害怕的人表面装得多么淡定,其内心一定是紧张的。这时,体内的激素变化会导致人体散发出的化学信号也产生变化。狗鼻子就是靠捕捉、分析这些化学信号,来得知对方的真实情绪的。

Q13: 一只待人友好的狗，为什么有时候会突然冲着人叫？

A13: 正在哺育孩子的狗妈妈，出于强烈的护犊心理，会对附近的人吼叫；一只领地意识很强的狗，对那些擅自闯入的人，会用吼叫来警告对方；光线不好，如背光只能看见轮廓时，狗看不清来者是谁，未知的恐慌会导致他不断向"怪物"吠叫；对方表现出不寻常的神情、做出异常动作（高举棍子、抛钥匙等），让狗误会对方想攻击自己，就会通过吠叫来警告对方，也可能是虚张声势；狗喜欢对方，想同对方玩耍，做出游戏邀请动作，但对方未回应时，狗会用吠叫来催促对方快点开始游戏。

Q14: 怎样培养出一只待人友好的狗？

A14: 狗不是天生就对人友好，只有 3～10 周或 11 周大 [1]、被人友好接触的幼犬，才能发展出对人友好的社会行为，超出 11 周才接触到人的幼犬，越迟接触人，就越难信赖人。同时，未被人友好接触过的幼犬，难以信赖人，且被人伤害得越深，对人表现出的攻击性越高。

- 多与狗接触，并善待狗

要想狗待人友好，主人应做的最基本的事情就是，在狗还小时（尤其是 3～10 周或 11 周大）多与他接触（饲养、抚摸、陪同游戏等）并善待他。

- 带狗与不同类型的人接触

多让狗与不同类型的人打交道也是一件很有必要的事情。

因为狗擅长给人"贴标签"，他们会依据人的体态和外表将人分类为男性与女性、大人与小孩、魁梧的人与瘦弱的人、戴帽子的与不戴帽子的、胡子大把的与胡子剃干净的……只与女性接触，狗就对男性的外形产生恐惧，只与瘦弱的人接触，狗就对外形魁梧的人产生恐惧。多带狗与不同类型的人接触，有助于狗认识到不同类型的人，消除对陌生类型的恐惧感，从而待人友好。

- 特别注意狗首次与儿童接触的感受

在狗对人的分类里，儿童是区别于成人的。狗不会把对待成人的态度同化到儿童身上。第一次接触儿童，就是狗给儿童"贴标签"的重要时刻，如果他不幸地被儿童打或拉扯尾巴、耳朵，那么他对其他儿童就容易暴躁。

因此，在狗与儿童的接触中，尤其是首次接触，主人应当特别注意儿童的行为，为狗创造愉快的社交过程。

---

[1] John Bradshaw. *Dog Sense*. Basic Books. 2014.

不同于其他哺乳动物，狗是难得的"能同时拥有且能识别多种身份"的脑力者。狗自出生以来，只要生长环境允许，就会发展出对狗、对人、对其他动物的截然不同的社交方式❶。

也就是说，狗知道自己作为狗应如何同狗打交道，也知道自己作为同伴该如何与人打交道，同时还知道自己并不是其他动物，该如何同其他动物打交道。

Q15：狗在什么情况下具有攻击性？

A15： 狗是喜好和平、不会轻易进入攻击状态的动物。在野生环境中，害怕和愤怒都可以让狗具有攻击性，而在人为饲养环境中，被训练听命令也会让狗具有攻击性。

害怕和愤怒

任何动物，也包括人类，在害怕和愤怒的情况下，会具有攻击性，其中，害怕是最主要的攻击原因。

当狗被惊吓、威胁、迫害时，就会变得害怕；而当狗被冒犯、侵犯、挑衅、激怒时，则会变得愤怒（见表 3-5）。害怕时，狗耳朵用力后拉；愤怒时，狗耳朵用力前倾。

● 表 3-5 狗在害怕和愤怒时，具有攻击性的常见例子

心理状态	例子	详解
害怕	被吓到	・小型犬看见大型犬，悬殊的体形差距让小型犬害怕地发起进攻。 ・人在放心酣睡的狗身旁突然跺脚，狗被惊醒而表现出攻击性。 ・高大魁梧的人无意间挡住了狗的去路，狗因过度害怕而具有攻击性
	受到恐吓	・狗因来狗凶恶的警告而发起进攻。 ・人气势汹汹地逼近狗，看起来要与狗打架，狗不断吠叫，具有攻击性
	生命有危险	・被一只要置自己于死地的狗按压在地
愤怒	被无礼地对待	・被一只没有礼貌或不守等级规矩的狗无礼对待，如不遵守进食规矩的狗无视警告地逼近另一只狗的食盆，这只狗生气地发起进攻。 ・被陌生人莫名其妙地打骂，如路人突然踢了狗一脚，狗因此勃然大怒，表现出攻击性
	领地被擅自闯入	・对一只擅自闯入自己核心区域的狗发起进攻。 ・对翻墙进入家门的小偷表现出攻击性

---

❶ John Bradshaw. *Dog Sense*. Basic Books. 2014.

续表

心理状态	例子	详解
愤怒	受到挑衅无法忍受	·对一只想赢过自己、蔑视自己、不断下"战书"的狗发起进攻。 ·对一直瞪自己眼睛的人表现出攻击性（瞪狗眼睛，意味着挑衅——"我比你强，不服可以打一架"）
	打架打红眼	·狗因打架过于激烈而怒气高涨，丧失理智打红眼，从而出现攻击性

被训练听命令

警犬、军犬、斗狗经专业人士严格训练后，会听指令而发起攻击。

需要严正声明的是，非专业人士千万不要对狗进行任何攻击训练！

非专业人士的攻击训练很容易导致狗有不合时宜的错误想法，从而变得有攻击性。我曾经遇到过一位狗主人因个人喜好，要求自己的杜高犬每天有高强度的体能训练（游泳1~2小时，跑步0.5~1小时）和实战训练，让犬只过分地释放兽性而又疏于对犬只进行服从性管理，导致这只杜高不听命令，只要看见狗，哪怕是河对岸的，他也要游泳冲过去，将对方撕咬致死。结果，在主人的错误训练下，这只杜高咬死了不计其数的小狗，对人也有极高的攻击性。

性格扭曲和丧失理智的狗是病态狗，他们与那些性格扭曲和丧失理智的人一样，是少见且无法用正常思维去捉摸的。这些狗通常会毫无缘由、毫无征兆地攻击，我们可以通过观察其不正常的神情和动作来判断他们是否是"病态狗"。

Q16：爱犬为什么会乱扑陌生人？怎么办？

A16： 我们经常会遇见爱犬开心、激动地朝陌生人乱扑，把对方吓一跳。这是因为爱犬从幼时与狗玩耍到后来与主人互动，甚至是与陌生人互动的过程中，从来没有被制止过"扑"。这样一来，爱犬就把"扑"当作开心的表达，并认为"扑"是完全合理的。久而久之，他就养成了看见有好感的人，就想用"扑"来表达自己的开心和友好的习惯。

遇到这个问题，其实很好解决，只要主人及时地拒绝和制止即可。

◆ 解决办法 ◆

第一步，让爱犬知道主人不喜欢被扑，先改掉爱犬扑主人的习惯，图 3-12 介绍的四种方法，混用效果更佳。

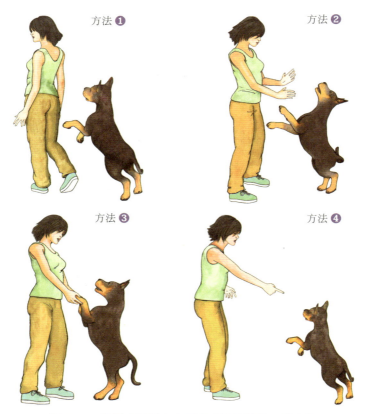

图 3-12　让爱犬知道主人不喜欢被扑跳的 4 种办法

方法 ❶ 不理睬想扑或已扑的爱犬，直接转身冷漠地走开，拒绝接下来爱犬的互动请求。

方法 ❷ 推开准备扑或者已扑的爱犬，推开后直接走开。如主人动作快，则可以先用手臂或身体格挡起身的爱犬，然后再反向推开他，走开。

方法 ❸ 爱犬扑上来时，用手紧紧抓住爱犬的前爪，强行让爱犬保持后腿站立或行走状态以作惩罚，此时主人可以批评爱犬。不要轻易松开想四脚着地的爱犬，可以等他多次恳求放下后再松开。

方法 ❹ 对着即将扑来的爱犬，立刻板下脸，特别凶地批评他。

第二步，让爱犬知道主人不允许他扑人。

邀请家人、朋友、邻居等来配合完成训练。具体的办法是让朋友站在一边，冷漠地做自己的事情，不要看爱犬，爱犬一旦想扑或做出扑的姿势，主人要立刻喝令制止并批评。主人也可以用推开、格挡、抓紧不放以示惩罚，来表达不允许爱犬扑人。当爱犬不再做出扑人动作时，可以给予奖励。当爱犬表现较为稳定后，朋友可以进一步尝试引诱爱犬扑，若爱犬再一次扑人，主人要立刻喝令制止并批评（见图3-13）。

图3-13　让爱犬知道主人不允许他扑跳人

第三步，让爱犬知道主人的邻居、朋友等都不喜欢被扑，以使爱犬改掉扑熟人的习惯（见图3-14）。

图3-14　让爱犬知道他人均不喜欢被扑跳

方法 ❶ 邀请家人、朋友、邻居按照第一步的方法，独立训练爱犬，让爱犬明白"我们"都不喜欢被扑。

方法 ❷ 邀请家人、朋友、邻居等来配合完成训练。具体的办法是将第一步主人用的四种办法进行两两组合，如朋友冷漠地走开，主人抓紧爱犬不放以示惩罚。训练时，双方需态度一致，果断坚决地拒绝爱犬"扑"，不要一个坚决一个温柔，反而给爱犬造成困扰，这样不仅无法改掉爱犬的坏习惯，还会让爱犬误以为对方是接受扑的，只不过自己没扑好，从而愈演愈烈。

注意

在 P106 的 A13 中所列的情况下（除最后一种想催促玩耍的情况），狗都有扑甚至是咬陌生人的可能，这种有原因、有明确指向的扑，是一种攻击行为，与表达开心的"扑"是完全不同的。若主人发现爱犬有诸如此类的攻击行为，应尽量为爱犬创造良好的生活环境，并注意牵引。如多给狗妈妈一些个人空间，不要总是带爱犬在同一个地方玩耍导致其领地意识过重，去明亮宽敞的地方遛狗，尽量选择人少的时间段遛狗，避开举止夸张、神情不佳的路人等。

Q17：爱犬为什么会追随陌生人，特别是孩子？

A17： 追随不是追逐。当陌生人散发出爱犬感兴趣的信号时，爱犬容易循着信号来源去贴近人，以进一步探知情况。这样一来，跟在人屁股后面闻味道的爱犬，看起来就像在追随人。

> 这些信号可以是爱犬喜欢的、感兴趣的气味（食物、体香、分泌物味道等），也可以是爱犬觉得奇怪的、想一探究竟的信号（害怕的人表现出的奇怪神情、散发出的不寻常的化学信号等）。

相比于大人，小孩更容易散发狗喜欢的信号。因此，当孩子们从爱犬附近经过时，爱犬会被奶香、食物香、体香引诱。再加上小孩个头不高，不容易让狗感到压迫和威胁，爱犬便放心地跟随其后。

Q18： 遇到人与爱犬对峙的情况，主人该如何处理？

A18： 对峙，意思是对抗、抗衡，一般出现在双方势均力敌、谁也不让步的情况下。通常，狗都是被人不恰当的言行震慑或激怒，才与人对峙的。狗主人作为对峙的第三方，不能因爱狗心切，就暴跳如雷地指责对方，因为不论对错，爱犬看见主人失常，都会跟着变得敏感而暴躁，而且争吵还会将矛盾激化。

- 冷静而迅速地把爱犬带离现场，是最有效的解决办法

对峙发生时，主人应当态度坚决地迅速将狗带离现场。迟疑或软弱的态度会让爱犬更加坚持己见，强而有力地下命令（"走！"）、果决地拉牵引绳、先于爱犬迈腿离开现场，才能让爱犬迅速离开。

很多主人在带爱犬离开对峙现场时，会犯"嘴动脚不动"的错误——嘴上一直在叫走，而脚却一直站在原地。这种方式，是在等待爱犬走，而不是命令爱犬走。等待，留给爱犬的是足够的时间和空间，在条件如此优厚的情况下，爱犬对胜利更有信心，对峙的意愿更强烈。

- 把爱犬拉出对峙的思维

狗沉浸在高度亢奋的情绪中，很难听令于主人。看见爱犬对命令无动于衷时，主人需通过不断地强调、打断来中断爱犬的对峙进程，当爱犬对主人的强调或打断有反应之后，迅速转移爱犬注意力，让他从对峙思维中抽离出来。

强调方式：严厉地叫爱犬名字、加大音量加重语气地唤醒爱犬（不要尖叫、惊慌）等。

打断方式：趁爱犬不注意，突然用手快速拍一下爱犬侧面；给爱犬食物刺激；说爱犬在意的事（如"爸爸来了"）；弄出奇怪的声响（如动物叫声、硬币掉落的声音）等。

迅速转移注意力的方式：给爱犬下达新任务，如走开、寻找爸爸、接球、吃东西等。

- 纠正人的不恰当举动

看见对方因好奇、胆怯、愤怒、惊吓等做出会给爱犬带来负面影响的种种行为时，主人应想办法制止，并教其正确的行为。如友好地安慰对方不要害怕后，告诉他不要盯着爱犬、不要跑、不要恐吓爱犬、不要猛跺地面、不要用武器或夸张的动作激怒爱犬，站在原地不动，无视爱犬即可。

> 人盯着狗一直看，狗会以为对方挑衅自己；人突然跑动，狗很可能也追着人跑；人不断恐吓狗，狗感到了巨大的威胁，会用攻击来自我防卫。

与陌生狗见面时的问题

情景再现

我是安安，一只安静的美女狗，除了躺在慈祥的老主人身旁，我还喜欢每天安安静静地晒太阳，安安静静地遛弯。

这不，又到了遛弯时间，主人慢悠悠地起身，带着我去老地方散步。

出门没一会儿，我遇到一只对我充满敌意的迷你贵宾犬。他一身优雅的打扮，却做出无礼的挑衅，对我叫个不停。"不好意思，本狗对你可是一点儿都不感兴趣！"我用眼神向他传递了想法后，头也不回地从他身边走过，任他在我身后又闹又叫。

安安面对不断吠叫的贵宾犬，冷淡地离去。

随后，迎面来了一只沙皮。他的体型和我差不多大，我同他对视了一会儿，但我并不想多事，于是默默把头移开，"我可不是一个喜欢惹事的姑娘，你说你更强，那就更强吧，我先走咯！"

沙皮狗身子前倾，耳朵向前耸立，极具力量感地站立在安安面前，想同安安一较高下。不好斗的安安随即表示了顺从，安安给沙皮狗闻了屁股后，慢慢走开。

天啊，对面来了个大块头，好可怕！他要走过来吗？

安安看见不远处的哈士奇，立刻专注地朝哈士奇望去，密切关注对方是否会靠近自己。

他过来了！他看起来好危险！别过来！别过来！再过来我要生气了！

安安被哈士奇的外形所震慑，认为哈士奇会对自己造成威胁。于是，安安一边怒目盯着哈士奇，一边朝着哈士奇吠叫，全身肌肉和毛发都紧张异常。

我已经警告过你，还不听劝？！再过来，再过来我可要发起攻击了！

哈士奇越靠近安安，安安越紧张。直到最后，安安皱起鼻翼，露出獠牙，做好了随时进攻的准备。

哼！他果然不敢靠近！看来我的警告很有用嘛！不过，他为什么不肯走开，这是战术吗？居高临下地一直看着我！我，我有点害怕！打，肯定是打不过了，我，我还是跑吧！

哈士奇不仅不理会安安的警告，还一直盯着安安看。他强大的心理优势压制着安安，导致安安从紧张转变为害怕，产生了逃跑的想法。

> 啊！救命啊！救命啊！谁来救救我！太可怕了！前面有草丛，我，我快躲进去，再找机会溜走！

安安承受不住哈士奇的压力，害怕地转身就跑。这突然一跑，导致哈士奇挣脱狗绳，猛追安安。眼看哈士奇距离自己越来越近，安安害怕地尖叫起来。紧急关头，她钻进草丛，又从一个哈士奇够不着的地方绕了出来。主人把惊慌失措的安安抱起，离开了这里。

● 行为解析

Q1：狗是如何看待和对待不同体型的狗的？

A1： 不同的狗有不同的体型，25公斤的中型犬对于5公斤的小型犬来说，可能是个庞然大物，但对于50多公斤的超大型犬来说，只能算是小个头。因此，我们不能用人类的眼光去看待狗的大、中、小，而要用爱犬的眼光去判断，对于他而言，对方是大体型还是小体型。

面对比自己个头小的狗

在小个头面前，他们会有较强的自信心和安全感，行为举止因此显得沉着而冷静。

对方越比自己小，他们的自信心越强（即有绝对的心理优势），行为举止越沉着、冷静。在故事中，安安觉得迷你贵宾不论是体格还是力量，均比不上自己，更别说给自己造成威胁。因此，对于小贵宾犬的叫嚣，安安无动于衷。

面对和自己个头差不多的狗

与旗鼓相当的对手碰面，他们小心翼翼、审时度势。恰到好处的自信心和安全感，让他们精于计算彼此。

体型越相近的狗，越容易因彼此不服而爆发肢体对抗。

在故事中，沙皮狗与安安体型相近，安安觉得对方的能力与自己不相上下，自己即使打赢，也得付出巨大代价，再加上安安本身不喜斗争，因此很快地用肢体语言向沙皮狗表示顺从。主人在一旁觉得安安一动不动，看似是安安不理会沙皮狗，其实恰恰相反，安安是积极地与沙皮狗交涉，并选择了顺从。

面对比自己个头大的狗

在大个头面前,他们觉得自己会吃亏,自信心和安全感较弱。为了避免给自己带来不必要的损失,他们不会轻易发动战争。

对方比他们大得越多,他们越不想发生肢体对抗。即使是表面看起来英勇善战,不断冲着对方吠叫的狗,也仅仅是虚张声势罢了——一旦真发生对抗,他们多以逃跑或认输告终(见图 3-15)。

图 3-15 个头更小的狗正在虚张声势

在故事中,安安本就忌惮哈士奇的大块头,心理战时,又因哈士奇的不断施压,感觉自己受到了莫大的威胁。安全感尽失的安安,只好朝着哈士奇吠叫,警告他站在安全距离之外,否则就要用攻击来保卫自己。

Q2: 两只陌生狗会面,会发生哪些情况?

A2: 一般来说,两只陌生狗见面,可能会发生互不理睬、礼貌性社交、愉快玩耍、恐吓追赶、双方较量等情况(见图 3-16)。

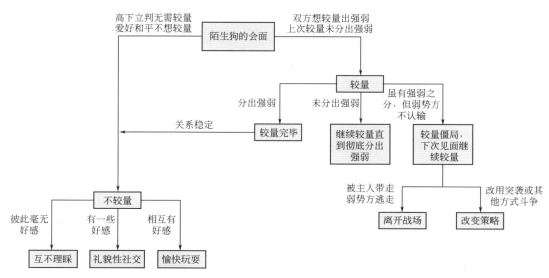

图 3-16 陌生狗的会面流程

Q3：哪些因素会影响狗的社交方式？都是怎样影响的？

A3：性别、年龄、健康情况、性格、成长经历、礼仪情况、社交环境均会影响狗的社交，详见表 3-6。

● 表 3-6 狗社交的影响因素及方式

影响因素	如何影响	例子
性别	同性之间，容易爆发肢体冲突；异性之间，公狗会礼让母狗，只有当母狗一再触及公狗底线时，公狗才会忍无可忍	一窝一同长大的狗，即使公狗性格强硬，在母狗面前也会谦让再三
年龄	老年狗不太同年轻狗计较，成年狗会照顾、礼让幼犬	即使幼年狗对成年狗做出了过分的举动，成年狗也不会过多计较
健康情况	身体健康的狗会礼让老、弱、病、残、孕	一只心智正常的健康狗和一只残疾狗相遇，健康狗不会主动同对方较量。若较量发生，健康狗也是以防御为主，多有礼让
性格	越要强的狗，越容易和其他狗起冲突	一只个性要强的狗遇到另外一只个性要强的狗，会爆发肢体对抗；但遇到一只个性温和的狗，能愉快社交
成长经历	一些特殊的成长经历让狗产生一些特殊的看法或行为，因为其他狗的不知情，社交容易变得紧张	背部曾经受到过重大创伤的狗，在社交时会格外注意自己的背部，如对方在玩耍过程中不小心触碰到他的背部，这只狗会立马暴躁起来
礼仪情况	不明白社交规则的狗，容易因为自己的失礼招致麻烦	一只地位更低的狗，总是未经允许，擅自在地位高的狗前面行走，会遭到地位高者的教训

续表

影响因素	如何影响	例子
社交环境	不安全、紧张的社交环境，容易让狗产生不安全感、紧张感，社交时容易产生对抗	散步时，狗主人看到对面犬只个头大，内心感到紧张和害怕，爱犬会因为主人的情绪跟着不安起来，觉得即将发生不好的事情，从而变得暴躁，不断吼叫甚至主动攻击对方

Q4： 狗打架前有征兆吗？主人可以从哪些动作来判断爱犬即将打架？

A4： 一只心智正常的狗，只有在拥有正当的打架理由时，才打架，否则，他们不会轻易打架。因此，我们可以从蛛丝马迹中预测接下来是否会爆发肢体对抗。

心智不正常的、暴戾的狗，或是被人培养为嗜打的狗，打架往往是无理由，为了打而打的。这些狗打架，往往没有征兆。

从外观上判断

打架会让狗神经一直处于紧绷状态，从外观上看，战前可见明显的肌肉鼓起、毛发竖立甚至炸起、爪子用力刨地、耳朵前倾或用力后扯、尾巴上竖或被夹紧在两腿内，遇到比较激烈的战斗还会出现鼻翼皱起、外露獠牙乃至整个牙床、低吼等。

从场景上判断

主人还可以通过三个典型场景，预判打架的发生。

第一个场景

两只狗对峙，没有一方愿意让步（见图3-17，注意是没有一方愿意让步，如有一方让步，则不会打架）。

图3-17 打架前的三个典型场景（一）

在这个场景中,两只狗四目相向,谁也不肯从这离开,火药味十足。他们尾巴高举,宣示主权。皱起鼻翼,露出獠牙,发出低吼,给自己增加气势。他们的耳朵、胡须前倾,毛发炸起,肌肉鼓起,全身进入紧张状态。身体前倾,四爪用力着地,做好随时奋战的准备。

第二个场景

一只狗抬起前掌,搭向另一只狗的后背,打算骑跨。被骑跨方不愿意受其骑跨,准备反抗(见图 3-18,注意后者是不愿意被搭"手"或被骑跨的,如果愿意,则不会打架)。

图 3-18 打架前的三个典型场景(二)

骑跨方(左边的狗)有绝对把握时,会果决地把前掌搭上去,此时可见他耳朵用力向前倾;骑跨方把握不那么足时,会慢慢地把前掌轻轻地搭上去,此时可见耳朵向后,一脸试探。

被骑跨方(右边的狗)耳朵、胡须用力前倾或后拉,毛发炸起,肌肉鼓起,鼻翼皱起,露出獠牙,有力地低吼,表达愤怒,强而有力地撑着身体。若对方无视自己的警告,他会转头就咬。

一些较温和的狗,在几次闪躲、拒绝背上的"手"之后,才忍无可忍地发起攻击。

第三个场景

狗受主人紧张情绪的影响,而表现得神经质。无比激动地吠叫、突然奔跑、极度害怕会刺激那些富有正义感的狗,维护和平的战斗瞬间打响(见图 3-19,注意,可接受这种神经质行为的狗,不会打架)。

主人怕爱犬受欺负,于是紧张地大呼大叫,手忙脚乱地护狗,大惊失色地挥手跺脚。看到主人的反应,图中的小狗误以为大事不好,紧张地做出神经质行为,如夹尾巴、吠叫、龇牙、打战、逃跑等。

图 3-19　打架前的三个典型场景（三）

图中的大狗不满神经质行为，出现耳朵前倾、胡须前倾，毛发炸起、尾巴高举、四爪用力着地等对抗性动作，随时准备打架。

> 狗喜欢秩序安稳的和平。为了保持和平，他们会严格遵守规矩；为了维护和平，他们会严厉打击规矩破坏者；为了捍卫和平，他们会消除一切不安因素。神经质是影响和平的不安因素，它像一个随时可能爆炸的炸弹，危险十足。因此，中坚力量会调教、驱逐那些神经质的狗，而打架，就是最直接、最有效的方式。

Q5：狗较量的过程是怎样的？

A5： 较量并不是一上来就拳打脚踢，它是有过程的。

狗的较量，是从心理发展到动作，最后才是武力对抗。不过，狗的感觉灵敏、身手矫健，难以被人察觉到，没有经验的主人往往会忽略心理较量和动作较量，只在爆发武力对抗时，才发觉双方在较量高下。

完整的较量，从两只狗相望时开始。他们在远处相互打量，尽量捕捉对手的一切信息，以作出是否继续较量的决定。自信、强壮的模样可以从心理上压制对方，让对方打退堂鼓，不战自胜。心理阶段未分出高下的，较量进入动作阶段。动作阶段常出现相互挤压、骑跨、追逐、对吼等动作。不满的一方会直接予以反击，既而双方展开武力对决（见图 3-20）。

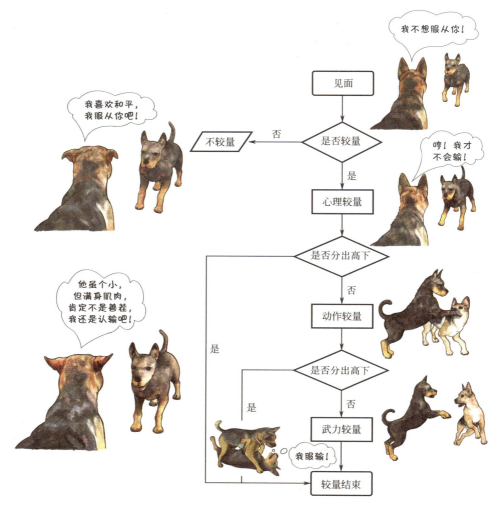

图 3-20 狗较量的过程

Q6: 狗是如何表达自己的强（领导者）、弱（顺从者）的？

A6: 狗会通过很多动作来表达自己是顺从者，如舔舐、伏身、用力后拉耳朵、尾巴下垂、外翻肚皮、站在低处、走在后面、被推挤、接受骑跨、愿意被闻屁股等。领导者则与顺从者的动作相反，他们是被舔舐、高耸身子、耳朵前倾或稍微后拉、尾巴高举、不对外展示肚皮、站在高处、走在前面、推挤、骑跨、闻屁股等（详见图 3-21）。

❶ 舔舐

顺从者（左）：主动舔对方的嘴巴或下巴
领导者（右）：被舔嘴巴或下巴

❷ 低姿态

顺从者（左）：伏身、耳朵用力后拉、尾巴更低，做出低姿态
领导者（右）：昂首挺胸、尾巴高举，做出高姿态

❸ 翻肚皮

顺从者（右）：外露肚皮，向外展示最脆弱的部分以表示服从
领导者（左）：不外露肚皮，不向外展示最脆弱的部分

❹ 一高一低

顺从者（右）：在低处，服从地被领导者保护
领导者（左）：在高处，越高的地方越有权威感，看得也越清楚

图 3-21

❺ 一前一后

顺从者（右后）：走在后面，"小弟"跟在后面
领导者（左前）：走在前面，领头狗走在最前面

❻ 推挤

顺从者（后）：被挤，不敌者顺从
领导者（前）：主动挤，力量、平衡更佳者获得胜利

❼ 骑跨

顺从者：被骑跨，更弱，只能接受骑跨
领导者：骑跨，更强，认为自己才有骑跨权

❽ 闻屁股

顺从者：首次见面就被闻，"小弟"愿意交出全身的信息，也愿意被闻，因为"小弟"不可以隐藏自己的信息
领导者：首次见面就闻别的狗，领导者有获取一切信息的权利，或者不让别的狗闻，领导有隐藏自己信息的权利

图 3-21　领导者与顺从者的社交表达

Q7： 如果爱犬想打架，主人该怎么办？

A7： 主人可以尝试从强行中断打架进程、打消打架念头两个方面着手。但需要注意的是，当两只狗都表现得非常强势，但双方又迟迟不肯动手时——这是对峙局面十分紧张的表现，双方都在寻找对方的破绽，等待最佳的出手时机——主人不应突然大声叫爱犬名字，也不应该突然做出一些会影响到狗注意力的举动，因为被干扰的一方即刻会露出破绽，而未被干扰的一方见时机成熟，便会迅猛进攻。

此时，双方主人正确的做法是，逐步加大音量，逐步加重语气，逐步加快语速地叫各自爱犬的名字，如帅帅（正常音量、正常语气、慢速）、帅帅（稍高音量、稍严厉、中速）、帅帅（高音量、严厉、急速）。当两只狗对峙意愿均松动后，再按以下方法解决问题。

强行中断打架进程

强行中断打架进程的有效办法是，态度坚决地拉走爱犬，一定要果断，不要给他一丝打架的机会。主人的犹豫（包括温柔的说话声），会让爱犬找到打架的时机。

如果爱犬一直拉扯着主人，想冲过去打架，主人一定要用尽全身力气，想办法拉住爱犬，并朝着离开的方向牵引。

> 大型犬的力量大，冲劲强，这就要求主人在训练爱犬不爆冲的同时，加强自我力量训练，出门遛狗时尽量穿着伸展性好的服装和抓地力牢的鞋子。

打消打架念头

打消打架念头的有效办法是，突然用手大力触碰爱犬后半身，趁着爱犬刚反应过来的时候，立刻给他下达一个新任务。这个办法的原理是分散注意力：狗在应付突来的事件时，会暂时忽略原有事件（打架），在其还没有想起来要继续实施原有事件（打架）时，立刻安排新事件（如去某处拿取东西），会让其彻底忘记原有事件（打架）。

言行合一，不向爱犬妥协

切记，带走想打架的爱犬，不能向爱犬的挣扎和反抗妥协，要做到言行合一。嘴巴说不，但行动放纵，会导致爱犬不愿听从主人安排，只想一心一意地执行自我意愿。

> 爱犬被主人强制牵引的过程中，可能会出现气喘、咳嗽的现象，这是因为爱犬对抗牵引绳导致颈部被勒紧，影响呼吸。主人不能因为怜惜而放松牵引绳，更不能因此而顺着爱犬的前进方向走，爱犬被勒得不舒服，会降低打架的意愿。训犬经验较丰富的主人可以根据实际情况，尝试调整牵引绳，并配合肢体引导爱犬。

Q8： 如果打架已经发生，主人在无牵引绳的情况下，要如何分开爱犬？

A8： 面对两只正打红眼的狗，非专业人士最好不要徒手参与劝架。因为挥舞的利爪、锋利的牙齿，会误伤前来劝架的人，主人与其冒着分不开还要受伤的风险，不如等他们自己分开，然后迅速将狗带离现场。

> 不正确的劝架方式，不仅会让自己受伤，还会让狗打得更加激烈。特别是在不了解对方犬只脾气的情况下，盲目拉扯、踢踹狗，只能令他们加深打架的疯狂程度，一场原本只是点到为止的君子较量，会演变成赤裸裸的腥风血雨。

Q9： 爱犬被其他狗吓得害怕地逃跑，可那只狗为什么还是追着爱犬不放？

A9： 一方面，追逐是犬只的天性。在故事中，哈士奇见安安突然快速逃跑，狩猎的欲望让他动了追逐之心。

另一方面，逃跑的狗往往不愿意承认自己是弱者，这进一步激发了强者的征服欲望。在故事中，安安就是只逃跑，不承认自己是顺从者的典型例子。争强好胜的哈士奇无论如何也想把安安按倒在地，逼迫她认输，因此哈士奇特意追着安安，想对她"教育"一番。

Q10： 为什么爱犬不断用后腿刨地，特别是在其他狗面前更加频繁？

A10： 我们可以用看书时划重点来同理狗的刨地行为。看书时发现某个句子很重要，我们会在句子底下画一条线。特别重要的部分，画两条。自己看完还要给别人看时，我们会多画几条，甚至打个星号，给书折页等。

爱犬用后腿刨地，为自己留下标记，以达到强调、强化自己强势地位的目的。其他狗在场时，爱犬会通过加重力道反复刨地来进一步强调、强化自己的强势地位（见图 3-22）。

图 3-22　狗在草坪上用后腿用力刨地

Q11: 为什么我家的大狗会害怕邻居家的一只小狗？

A11: 　　对那些每天生活在一起的狗伙伴，哪怕他们很凶，甚至在初次见面时就被他们吓到屁滚尿流，这只狗也能在日后的时间里慢慢消除对狗伙伴的恐惧。与狗伙伴不同，狗很容易被陌生狗吓到终生恐惧，甚至一看到与这只陌生狗体型、外形相似的其他狗，就会做出恐惧反应。

　　因此，不论陌生狗体型如何，只要大狗曾被邻居家的狗吓过，如经过门口时被狂吠、不注意时被突袭，大狗都很容易害怕他或相似的其他狗。

　　这里的狗伙伴，指的是家中的狗成员以及狗认定的玩得来的狗朋友；邻居家的狗，指的是小区里住得很近的非狗伙伴。

与其他动物见面时的问题

情景再现

"我是一只小疯狗,我天天追鸡跑。有一天我心血来潮,咬了一只鸡。我嘴里叼着小母鸡,我心里正得意,不知怎么哗啦啦啦啦我摔了一身泥!"大家好,我是小狂。你们知不知道,追着鸡鸭跑有多么愉快,特别是把它们叼在嘴里的那一刻,就像抓住了全世界!

每当主人打开栅栏,小狂都像疯了一样,逮着机会就朝圈子里的鸡鸭追去。这群鸡鸭总是被小狂吓得乱扑腾,而小狂看它们挣扎得越厉害,反倒越开心,兴起时甚至扑咬鸡鸭,把它们当战利品一样叼着四处跑。

我还喜欢追一切跑得快的小动物。比如说老鼠,不论它躲在哪儿,我都能循着味道找过去——钻窝里,我就刨地;钻树上,我就爬树。总之,只要老鼠现身,我就能一巴掌按住它,一巴掌不行就两巴掌,两巴掌不行就几巴掌。按住之后再玩,太有趣了!

相比之下,小鸟就没有这么好找了,它们要么飞在天上,要么飞在树间,我只能在草地上碰运气,看看有没有学飞时落地的小鸟。这些小鸟叽叽喳喳,碰碰它还会呲溜飞一小段,惹得我更心痒痒,玩得更起劲。这么有趣的玩具,我真不懂为啥好些小伙伴都不玩。

有时候,耳边会飞来一些奇奇怪怪的小虫子,听主人说是苍蝇、蚊子、蜜蜂……它们真的挺烦狗的,在身边绕来绕去,忽高忽低,我几口下去,大多扑空,拿它们一点儿办法都没有。还有一些狠角色,让我吃了不少苦头!记着我小时候,咬了一只蜜蜂,它把我的嘴给蜇了,害我中毒流了一晚上口水,苦得我差点以为狗生即将完结,我这辈子再也不敢招惹蜜蜂了。

对了,在我家附近的商业广场时常能遇见马车载客,有些是大马拉着南瓜车走,有些是矮马驮着小朋友走。记得我第一次看见马时,被吓得半死。巨大的个头,走路哐叽哐叽作响,吐气还特别大声,活脱脱一个怪物,我根本不敢靠近。

主人看我难得怕死,便动了"坏心眼",死拉硬拽地把我带到大马旁边,我吓得不敢动弹。大马看见我,好奇地探下头,我感到一股热风,全是青草味。大马就用它喘着粗气的鼻子,在我脸颊旁使劲闻。这架势我哪见过!只能静静地等待,不敢轻举妄动,走一步看一步吧。我极其顺从地杵在那,一动不动,直到大马把我闻得差不多了，我才敢把脸转过去对着大马。这只大马原来这么温柔啊，我尝试把鼻子移到它的嘴附近，多了解了解它，不料它也把鼻子移向了我，我们俩就这样鼻子对鼻子，友好地打了个招呼。确认它对我没有敌意，我才渐渐放下了防备，开始从它的头，慢慢闻到身子，最后按照我们狗的社交规矩，闻它的屁股。可是谁知道，我才走到它屁股后面，还没来得及抬头闻上方的气味（屁股可真是太高啦！），它突然抬起后腿，跳着踢了起来。哎呀妈呀，幸好我是敏捷型选手，躲过了这猛然一击，要不后果惨重啊！赶紧走吧！这种生物的性格可真是古怪，一会儿好一会儿坏的，以后还是少接触为妙！

主人带着小狂去广场逛街，遇见马车载客。小狂一看见马，就把耳朵紧紧后拉，不敢轻举妄动。这只性格温顺的大马却对小狂感兴趣，低下头贴近小狂，把小狂吓得一动不动，直到他发觉大马毫无恶意后才渐渐放松警惕，闻起大马。马头、马身子、马腿、马尾巴，小狂按照这个顺序一一闻着，不想大马变得越来越烦躁，原本稳稳站着的马开始不断跺脚，尾巴也不停甩动起来。随后，大马微低头，脖子向两边摇晃，有时还抬起后腿。小狂留意到大马情绪的转变，但全然没读懂大马的意思，依旧我行我素地向马屁股移动。这不，小狂才闻到马后腿，大马的耳朵便贴着脖子，向后一背，两只后脚一抬，猛地向小狂踢去。多亏小狂不断保持安全距离，才能迅速后跃，灵敏地躲避开了。小狂心有余悸地拉着主人催他离开，不料还没走几步，又看见一只矮马从前方走来。

喔，这匹小，也不知道是只幼马，还是就长这么高。大马的威力我都见识过了，这匹小的对我来说简直就是没有威胁嘛！我可以好好地打探一下！

躲避了大马的蹶子后，小狂对矮马从容、淡定、自信多了。他不仅主动向矮马摇了摇尾巴，还舔了舔矮马的下巴以表顺从。对于小狂的一系列示好，矮马跟小狂嬉戏了起来。

说到马，我就想到牛，块头比马还大，是个只会冲撞顶踢的家伙，笨笨的。虽然我第一次见牛也是战战兢兢的，不过自从我发现它们拿我没辙后，我看见一只，就想招惹一只，就喜欢看它们被我整得很生气，但又拿我没办法的样子。当然啦，这么聪明的我，看见一群牛时还是会乖乖的，我可不想被群攻！

小狂看见牛，就会不断招惹它们，直到激怒牛后，立马撒腿逃走。

和牛相反，我看见猫就绕道走，不是因为我怕他们，而是怕被他们打伤。那些猫呀，看起来萌萌的，但一个个都不是省油的灯。之前遇到猫几次，都想好好挫挫它们的锐气，顺便替自己报个仇，结果如意算盘还没打完，我脸上就留下了几道疤。所以我现在看见猫，都绕得远远的，尤其是一看见我就警告我的凶猫，我惹都不敢惹。

小狂在猫面前屡次受挫，即使是瘦弱的幼猫，他也没得逞过一回。因此，小狂只要看见猫，就小心翼翼地走开。

● **行为解析**

Q1: 狗为什么喜欢追着鸡鸭跑，甚至喜欢咬在嘴里？

A1: 狗天生喜欢追逐，他们把追逐鸡鸭看作一场游戏，或一场捕猎。

把鸡鸭当玩具，追逐玩具是有趣的游戏

大部分鸡鸭遇到威胁，都会主动逃跑。这一跑，激发了狗爱追逐的天性。而追逐进一步唤醒了野外狩猎的本能，很容易引发出扑、咬等捕获猎物的举动。当狗从追逐鸡鸭中体验到狩猎的快乐后，就会由受到鸡鸭逃跑的刺激才追逐，慢慢变成一看见鸡鸭就主动追逐。这种情况下，狗会把追逐鸡鸭当作一场游戏。

把鸡鸭当食物，追逐食物是激情的狩猎

当狗饥饿时，会想尽办法填饱肚子。这时候，鸡鸭对狗来说就是食物，追逐鸡鸭变成了一场解决温饱的狩猎活动。

在故事中，小狂衣食无忧，因此，他并不是把鸡鸭当食物，而是当玩具，他喜欢追逐鸡鸭，享受每一次追逐的乐趣。

Q2: 如何改掉爱犬追逐鸡鸭的坏毛病？

A2: 根据不同的追逐原因，主人有不同的应对方法。

增加喂食量，科学喂食

如果爱犬因为饥饿而去追逐鸡鸭，主人就应当反思是喂得少了，还是营养不够了？喂得不够，则增加喂食量。营养不够，则多给爱犬吃些有营养的东西。

若爱犬已经习惯靠捕猎鸡鸭进食，主人可以在确保鸡鸭安全的前提下（如隔着栅栏），在鸡鸭附近，给爱犬喂食他喜爱的食物，让爱犬知道他有更多更好吃的食物，没有必要费劲地去追不好吃的鸡鸭。

消除追逐鸡鸭的快乐感

如果爱犬像小狂那样，只是单纯地喜欢追逐鸡鸭，那么主人可以长时间隔绝双方，避免爱犬与鸡鸭接触，从而淡化爱犬对鸡鸭的原有认知（见图3-23）。

图 3-23 长时间不联系，关系会淡化

也可以改变爱犬与追逐鸡鸭这个动作的感受联系，由之前的"追逐鸡鸭＝快乐"，更改为"追逐鸡鸭＝惩罚"，从而改掉追逐鸡鸭的习惯，即爱犬＋制定新规矩＝建立新联系，改变原有习惯（具体做法可见图 3-24）。

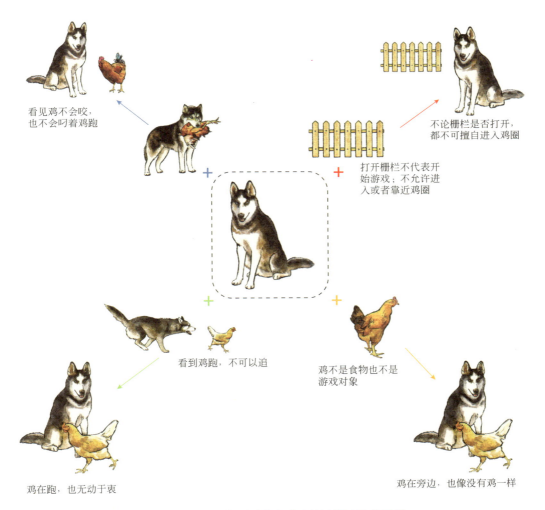

图 3-24 用建立新联系的方式改掉追逐鸡鸭的习惯

Q3： 既然狗对移动中的物体充满兴趣，那么他们是不是都会追逐奔跑中的鸡鸭？

A3： 不是。狗虽然爱追逐，但还是会因性格、处事风格、脾气、现场环境等因素的不同，而有不同表现。

一些好奇心旺盛的狗，不管遇见什么动物，都要上前一探究竟；一些个性高冷的狗，不管遇见什么动物在眼前奔跑，都了无兴趣；一些对声音敏感的狗，只对能够发出声响的昆虫、小鸟等感兴趣；而一些特别喜欢追逐的狗，只有看见奔跑中的动物才会提起兴趣。

Q4： 小狂为什么招惹鸡、鸭、矮马，不招惹蜜蜂、牛群、猫？

A4： 这是典型的利弊衡量结果。

对小狂来说，鸡、鸭、矮马无法形成威胁，也就是说，这些他不害怕的动物，要么是本身就没什么攻击力的鸡鸭，要么是攻击力有限的矮马。主动招惹它们，不但不会受到伤害（弊），还可以获得十足的乐趣（利）。

相反，与蜜蜂、牛群、猫打交道，是弊大于利的行为，小狂会担心自己的安全，因此不敢轻易招惹它们。

Q5： 狗是如何判断陌生动物能否对自己造成伤害的？对同一种动物，狗为什么会反应不同？

A5： 那些个头大的、外表看起来具有威慑力的、正发出警告的、散发高度自信气场的、会发出令狗害怕声响的动物，都会让狗觉得对方不好惹，若打起来自己很可能会吃大亏，因而表现得小心翼翼（见图3-25）。

颜色艳丽,外表看起来有威慑力,我可能打不过他。

个头小,对我完全没有威胁。

颜色艳丽,很自信,身手矫健,我可能打不过他。

它在警告我,它要动真格的了,我还是不惹事为妙。

个头大太多,叫声震耳欲聋,还有怪吓狗的牛角,我肯定打不过它!

图 3-25　狗会对看起来不好惹的动物小心翼翼

除去品种和外表,狗还会从对方的性格和脾气、所处的场景、自身的经历等诸多方面来判断对方的危险性,从而做出不同的反应。

我们以小狂对马的表现来说明。大马和矮马虽然都是马,但却是马的两个不同品种,它们的身高、体形天差地别。从外观来说,大马比矮马看起来更可怕。小狂先接触了更可怕的大马,再接触看起来不可怕的矮马,有了躲避大马攻击的成功经验后,小狂在矮马面前勇敢、自信得多。

Q6： 狗和陌生动物打交道时，主人应当注意什么？

A6： 首先，主人要给爱犬与陌生动物接触的信心，一只自信的狗才能从容地应对交际；其次，主人应先行判断双方的战斗力，若爱犬处于弱势，主人应当做好随时保护爱犬的准备，若爱犬处于强势，主人应当随时防止爱犬做出伤害性举动；最后，主人应当密切关注双方的交际动向，特别要留意沟通过程中出现的危险、警告信号，若主人无法控制场面，应及时把爱犬带离现场，以免发生冲突。

如果主人无法判断对方的危险性（如遇见一只从未见过的动物），或预感到场面可能失控，主人最好在双方接触前就带爱犬离开。

Q7： 为什么有些牧羊犬不会牧羊？

A7： 很多人有"凡是牧羊犬就一定会放牧，不是牧羊犬就不会放牧"的错误观念。

放牧不是与生俱来的本领，而是羊对危险的应激反应

当一只没有任何牧羊经验的狗站在羊群旁边时，我们也能看见羊群因狗的追逐而成群移动——狗打西边跑来，羊群就往东边移。追逐羊群的行为，对狗而言，是一种游戏，对羊而言，是一种本能反应。

牧民利用羊群的反应，培养出能够牧羊的狗

利用羊群的反应，再结合犬只的狩猎方式❶，牧民有意培养犬只，让回家的犬赶着羊，朝着家跑，从而慢慢形成了一系列的牧羊行为。

放牧本领是后天学习而得，不可遗传

事实上，即便是牧羊犬，若没有经过放牧培训，一样无法牧羊。

由于这些放牧本领是后天习得的，所以不能遗传给子代，若小狗出生后没能跟着父母学习，是不会放牧的。

对于小狂这种，既没有主人培训，也没有其他狗做样子的情况，不会放

---

❶ 野生状态下的狼群和狗群，在围捕羊群时，会选择最瘦弱的那只羊作为圆心，攻守自如的距离作为半径，呈现弧形围捕圈，每只狼或每只狗等距离地分散在弧线的每个位置上，接着慢慢减小半径，缩小围捕圈。家养状态下，狗群数量不够多，往往只有一只狗，无法形成一个有效的围捕圈，因此，只好一狗分饰多狗，通过定位，死盯猎物，跑向下个假想的弧形定位点，死盯猎物，再急忙跑向下个定位点，如此反复，完成十几只狗的任务。这就是我们在牧羊犬牧羊时常看见的狗沿着弧线不断奔跑的原因。

牧再正常不过了。

Q8： 狗与不同动物形成的群体，也有等级制度的说法吗？

A8： 有。只要形成了稳定的群体，他们就会按照能力高低排序，最后变成一个有着严格等级制度的群体。

> 狗被链子限制施展空间，导致飞扬跋扈的鹅只进攻、不防守，几次战斗下来，鹅顺理成章地成为狗的领导者：每当鹅要经过狗棚时，狗都会顺从地摆出低姿态，为鹅主动让道。鹅大摇大摆，神气无比地从狗面前走过，还不忘抖搂翅膀，一展雄风（见图 3-26）。

图 3-26　狗主动给鹅让道

与主人相处时的问题

情景再现

> 达达所在的狗群由五个人与一只狗构成。在这个狗群里,达达认为自己是头狗,人都是顺从者。

我叫达达,身处在一个特别幸福的狗群中——作为整个狗群的老大,我从来不用为狗群的饮食担忧——我的手下们总能安排好进餐,而我要做的只有指点江山。

我们这个狗群,人多狗少,上下一数,加上我,稳定成员也就六口,一老人一小孩,剩下全是青壮年。

奶奶,狗群中最支持我的,每天早上都雷打不动地陪同我收集附近的犬只信息。由于奶奶年纪大了,腿脚不方便,为了照顾奶奶,我会故意把脚步放得很慢,陪着她一起慢慢走。日常生活中,我也都让着她、护着她。随着时间的推移,奶奶总算感受到了我关爱下属、体恤下属的好作风,变得愈加爱戴我。从此之后,不管有什么内部矛盾,她都和我统一战线,是我最亲、最忠诚、最值得信任的属下。

> 达达和奶奶最为亲近,对奶奶照顾有加,从来不与奶奶争抢东西。奶奶被达达的贴心打动,十分护着达达,每当达达遭到家人的批评时,奶奶总是会护着前来求助的达达。

爸爸和妈妈,是狗群的中坚力量,在外面从来不给我捅娄子,是我最不用操心的属下。不过,我一直在烦恼他们总是不经我同意就擅自给入侵者开门,还动不动就留这些不速之客在家吃饭,太不安全了!因为这事,我没少和他们发火。更可气的是,他们俩完全不明白我的担忧,有时甚至还和我抗议,爸爸喜欢吹胡子瞪眼企图篡位,妈妈喜欢不断地说服我。经过我们长期的并不友好的交涉,家里的不速之客越来越少,爸爸妈妈和不速之客一起进餐的次数也少了很多,虽然这个结局并不是最理想的,但也是我能够接受的。

> 每当有人敲门,达达总会叫个不停,特别是爸爸妈妈为前来聚餐的朋友开门时,达达叫得格外凶,甚至出现过恐吓人的情况。达达的糟糕表现,导致爸爸妈妈越来越不敢邀请朋友来家里做客,一家人对达达的这个行为苦恼不已。

闺女,二十多岁,因为工作的关系,只有周末才回家。同闺女相处的时间虽然不多,但我发现闺女常会莫名其妙地被爸爸妈妈说,有时还能看见爸爸妈妈对她抬手就打。这种严重破坏狗群安稳的行为,我怎么能容忍!于是,每当我看见爸爸妈妈抬手打闺女，我都毫不留情地对他们教育一番，这样才能制止住他们俩的坏行为。

后来，闺女先后带过两个男生回家，看他们那么亲密的样子，也不懂他们是什么关系，听说叫男朋友。第一个男朋友气度非凡，不论哪一点都比我强，我特别信任他，只要他在场，我就乖乖地做他的跟班；第二个男朋友我一点儿也不喜欢，亲亲昵昵碰我闺女的样子，看了就想打他。

> 每当家人对闺女抬手要打，达达就对家人怒目相向。有时只是冲着抬手者叫唤，有时会用前爪扒或用嘴"咬"抬手者的手，示意对方停手。闺女的第一位男朋友来家里做客时，达达表现得特别乖巧和顺从，不仅对他毫无戒心，甚至是言听计从。相比之下，达达对第二位男朋友的态度，简直是丧心病狂，一旦男朋友搂抱闺女，达达就会吠叫、攻击他。

长期寄养在家里的小表妹，还在上小学，是一个典型的小屁孩，有事没事就喜欢和我出去玩。你别说，她虽然小，地位和我差了那么多层级，但玩在一起却特开心。不过，她有时候跟我跑着跑着，就不见人影了，把我急个半死。她是我最不放心的成员，因此，我不允许她离开我的视线一步，不，半步也不行！

> 除了像上学这样的常规性分离，小表妹一旦和达达分开，达达就着急得不行。不论小表妹是出门丢个垃圾又回来，还是下车签个快递马上又上车，达达都叫唤个不停。

● **行为解析**

Q1: 狗为什么会有自己地位比主人高的想法和行为呢？

A1: 达达经过自己的分析判断，认为自己是整个狗群的最高领导者，也就是头狗。

作为狗老大，他需要保证狗群生活环境的安全，维护整个狗群的稳定发展。基于此，达达会有很多对他来说完全正确，但并不符合人类生活实际的想法和行为。

Q2: 爱犬眼中的主人是什么角色？是爸爸、妈妈还是食堂阿姨？

A2: 拿达达举例，当爱犬成为家中的最高领导者时，他就拥有了所有权力，包括人员分工权。在达达眼里，家人都是他的下属，只不过有些关系疏远，有些关系亲密（见图 3-27）。

图 3-27　在一只位处领导地位的狗眼中家人的角色

若达达不是领导者，而是全家人的顺从者，那么，他眼中的家人会有所不同（见图 3-28）。

图 3-28　在一只位处顺从者地位的狗眼中家人的角色

Q3: 如果狗是家中的领导者，会有什么样的危害？

A3: 不论是人类社会的"老大"，还是狗社会的"老大"，他们都需要对其所在的团体负责，确保这个团体在自己的带领之下，能够有序地、稳定地、高效地运转和发展。而狗，既无法为人安排生活，又没有领导家庭的生理基础和管理能力，让狗成为家中的最高领导者"统治"家庭，可想而知局面将会如何混乱。

一只身为领导者的狗，每天都要面对自己无法应付的场景，如独自在家时有人来敲门、爱犬不同意家人出门但家人非要出门等。各种各样的事情，让爱犬感到无能为力，只好用吠叫、攻击来解决问题——这样不但没解决问题，反而让爱犬变得担忧、暴躁起来。久而久之，爱犬的脾气越来越差，遇到问题也容易用吠叫、攻击的方式来面对。

由于我国大部分养犬家庭尚无教育犬只的意识，基本上不知道或者完全不明白狗的等级制度是怎么一回事。他们用人的思维方式思考和对待爱犬，往往导致爱犬"夺权篡位"。

Q4: 如果狗自认为是领导者，那么他具体会有什么表现？

A4: 爱犬是家中的领导者时，容易出现表 3-7 中所列的行为。

● 表 3-7 爱犬在家中是领导者时的常见表现

狗的行为出发点	行为	例子
领导者有家中所有物件、所有空间的所有权和使用权	随意撕咬、移动家中物品，如拖鞋、沙发、地毯等	主人每天下班回来，发现家里乱成一团，拖鞋被啃咬得体无完肤
	未经主人允许，就随意进出家里的任一房间，使用家中物品	主人不让爱犬进卧室，特别是上床，但爱犬总是随意进出卧室，并在床上玩耍
未经领导者同意，他人不得夺取自己的物品、不得擅自踏入自己的地盘	不允许家人触碰家中物品，会同家人抢夺这些物品，如玩具、拖鞋等	主人一动爱犬的玩具，就会被爱犬以吠叫、露出獠牙、低吼等方式警告
	过分保卫家庭财产	来家中做客的朋友临走前带走主人赠送的物品，爱犬会对朋友吠叫
	过分保卫家庭"地盘"	爱犬会冲主人带进家的朋友吠叫

续表

狗的行为出发点	行为	例子
领导者拥有资源的优先使用权及分配权	同家人抢夺最好的资源，如舒适的沙发座位	爱犬长期霸占最舒服的沙发，若家人想坐这里，爱犬会警告家人，用身体挤开家人，甚至是咬家人
领导者进餐期间，顺从者不可打扰	进餐时不允许家人靠近、打扰，否则会做出低吼等警告行为	家人一靠近进餐中的爱犬，爱犬就凶家人
领导者要处理一切不恰当行为，并给予相应的惩罚	不允许家人做出破坏狗群稳定的举动	家人A假装打家人B，爱犬立马对家人A吠叫
狗群必须按照领导者的意愿行事	不允许家人做出有违自己意愿的举动	爱犬不希望看见家人离开自己视线，当某位家人打算离开爱犬身边时，爱犬会百般阻挠
领导者就应当有领导者的风范	总是以领导者的姿态对待家人	在家人面前总是趾高气扬的，走路走在队伍最前面，玩耍时还会骑跨家人的腿
领导者要保护狗群的安全，时刻提防	遛狗、玩耍时，注意力总是集中在周边环境的安全性上	无法放下防备安心地和家人玩耍，享受游戏的快乐
领导者的吩咐，顺从者必须服从	不顾及家人感受，为达目的不择手段	爱犬想玩耍时便想尽各种办法催促家人陪同玩耍，不管家人此时是否愿意陪同
领导者的隐私不可以被顺从者探寻	不允许家人随意触碰自己的隐私部位	不让家人碰尾巴和指甲

Q5： 为什么爱犬特别听某位家人的话，却不听其他家人的话呢？

A5： 爱犬之所以特别听话，愿意服从这位家人，是因为他打心底认为对方比自己拥有更高的等级，即他们的关系是，这位家人是领导者，爱犬是顺从者。顺从者愿意且应当服从领导者的安排。

而在其他人面前，爱犬觉得自己的等级更高，是其他人的领导者，当然也就没必要听从"下属"的安排。

Q6： 为什么爱犬对家里大部分人都很好，但唯独会凶某一个人呢？

A6： 狗喜欢群体生活，喜欢和平相处，不会无端地凶家人，除非是以下几种情况。

此人对爱犬不友好，有敌意

对爱犬不太友好，或常做出在狗看来不友好的举动，会导致爱犬把这个人视为有敌意的人。

一旦此人做出爱犬觉得有危险的举动（如突然大声说话、抬起手要打狗等），爱犬便会反击。

此人有过于强大的气场威胁

这个人自带咄咄逼狗的气场，让爱犬觉得很没有安全感，不信任的心理导致爱犬总是防备他。

此人的等级比爱犬低

家里大部分人都是爱犬的领导者，唯独这个人的等级处于爱犬之下，因此爱犬敢对他下命令、威胁和发泄。

Q7： 我天天照顾狗，他为什么还凶我，却不会凶从不照顾他的其他家人呢？

A7： 有时，我们会遇到喂狗、遛狗、打理狗等大小事项都由家中最喜欢狗的成员 A 来承担，但狗依旧会凶成员 A，却从来不会凶对狗完全不管不顾的成员 B 的情况。

这是因为，狗并不会从相处的时长和对方的付出程度来判断成员的等级，而是从成员本身的性格、脾气、行为方式等综合能力来判断。

在这个问题中，成员 A 虽然同爱犬相处的时间最多，付出的也最多，但在爱犬看来，成员 A 依旧是自己的"下属"（顺从者）。成员 B 虽然不怎么搭理爱犬，但爱犬发现家中最有话语权、最值得信赖的人就是成员 B，是能够掌控自己的"上司"（领导者）。所以下属（成员 A）做了什么爱犬觉得不对的事情，爱犬会凶下属（成员 A），而不会在上司（成员 B）面前放肆。

Q8： 为什么男主人在时，爱犬对我（女主人）很好，男主人不在时，爱犬就凶我？

A8： 出现这个问题，我们可以清楚地得知这家的等级关系：男主人 > 爱犬 > 女主人。错误的等级关系，赋予了爱犬凶女主人的权力。

为什么男主人在家时，爱犬却不凶她呢？难道爱犬是个大滑头，还懂得在背地里搞事情？

事实上，我们不得不承认狗见风使舵的本领之高，男主人虽然没有明文规定"不许凶女主人"，但是狗察言观色，发现女主人做家务受伤，男主人会关切，自己不小心误伤到女主人，会遭到男主人的责备。而男主人不在时，不论自己怎么对待女主人，都没有受到当场惩罚（等男主人回家再惩罚爱犬时，爱犬已经不明白男主人是因为何事而发火）。慢慢地，他自己悟出了这个狗群的规定——男主人在场，不得凶女主人，男主人不在场时，可以按照自己的领导风格，对待下属。

Q9：为什么家人A喂狗，爱犬们不打架，而家人B喂狗，爱犬们就打架呢？

A9： 一方面是爱犬之间的等级没有稳定，另外一方面是爱犬觉得家人B是顺从者，当家人B以错误的进食顺序喂食时，爱犬们因不认可家人B的安排，而爆发战争。

假设这家人养了两只狗，狗a与狗b。家人A作为领导者，安排更有力量的狗a做上级，更敏捷的狗b做下级。

爱犬之间的等级没稳定

喂食时，家人A（领导者）不小心安排错了进食顺序（让狗b先吃），当家人A在场时，狗a、狗b因臣服而安分守己。当家人A离开进食区后，被错误进食顺序误导的狗b误以为自己的等级已超过狗a，而狗a又深信"我才是上级，狗b应该乖乖地让我先进餐"，这让本来就打得不分上下的爱犬们，立刻爆发争食大战。

家人B的地位低于狗

家人B不讲究等级制度，常常顺着爱犬，这让爱犬们认为家人B是整个家庭的顺从者。因此，当家人B安排狗b先进食时，狗a当场就会表现不满，立刻与狗b打起来。

Q10：爱犬是如何判断自己所在家庭中的等级（地位）的？

A10： 狗会把比自己更有力量、更成熟、更沉着冷静、更有处事能力的对象当作领导者，把软弱、情绪化、犹豫、不如自己的对象当作顺从者。

爱犬刚进入家庭时

由于大多数男性较女性魁梧、理性，大多数父母较孩子成熟、冷静，因此，当爱犬刚融入家庭时，容易把男性、大人当作自己的领导者，把女性、孩子当作自己的顺从者。

爱犬与家庭成员熟悉了

经过一段时间的相处，爱犬会根据自己的判断，重新排等级。如魁梧高大、原本看起来很有领导风范的男主人，接触下来却发现其性格软弱，对自己百依百顺——降为顺从者！而年纪小、原本看起来没有一点领导模样的小女孩，接触下来却发现她特别有主见，还制定了很多制度——升为领导者！

爱犬成长了

随着爱犬的成长、能力的增加，爱犬的等级意识越来越重，他们不仅能够自学，还能从邻居家的大狗那看到、学来一些不一样的行为。于是，他壮着胆，逐渐尝试用各种各样的小动作去挑战权威。挑战成功，他成为家庭领导者，挑战失败，他成为家庭顺从者。经过一段时间，等反复挑战的结果明确后，狗群各成员的关系即稳定下来。

家庭成员出现变化

当家中有了较大的变化时，如多了位家庭成员，又如家庭成员对爱犬的态度同以往不一样了，爱犬又会察言观色地重新调整等级，直到新的等级排序稳定。

> 有趣的是，即使挑战失败，狗也不会就此放弃当"老大"的梦想。只要一有机会，他就会"卷土重来"。除非他已经打心底完全臣服于领导者们，并且这些领导者有着让他十分认可的领导能力。

Q11： 主人如何判断爱犬在家中的等级（地位）？

A11： 不同等级的狗有不同的表现，可以通过表3-8的描述来判断爱犬在家中所处的等级。

● 表 3-8　狗的表现表明他的等级

狗最大，是全家的领导者	狗处在中间位置，既是顺从者又是领导者	狗最小，是完全的顺从者
遛狗时永远走在最前头，甚至会拉着家人跑	爱犬只愿意走在某（几）位家人身旁或身后，永远跟随领导者的步伐，因此，领导者在场时，爱犬显得很乖巧，领导者不在时，爱犬拉着其他人走	不论谁出门遛狗，爱犬总是乖乖地跟随在家人身旁或身后，没有主人的允许，坚决不随意走到主人前方
会警告、威胁家人（怒目相向、恶性吠叫、龇牙咧嘴等），催促家人或阻止家人（催促遛狗同时阻止家人玩手机、不让家人离开、不允许家人不理自己等）	在某（几）位家人面前特别乖，从来不会警告、威胁他（们），从来不影响家人的决定（不催促或阻止），会静静地陪伴在一旁，等待家人的安排。而在其他家人面前，会出现程度不同的警告、威胁、催促或阻止的行为	不论爱犬和谁在一起，都特别顺从，从来不会出现警告、威胁、催促或阻止的行为，即使家人做出了什么让爱犬觉得不舒适的举动，爱犬也会安静地、温柔地表达出自己的想法
随意撕咬、移动家中物品，如拖鞋、沙发、地毯等	只敢撕咬、移动部分家人（比爱犬等级更低的顺从者）的物件	谁的物件也不动，除非家人下达命令
挨批评和体罚时（非虐待），会奋起反抗（怒吼或反击）	被某（几）位家人批评和体罚时（非虐待），爱犬会乖乖受训；被其他家人批评和体罚时（非虐待），会奋起反抗（怒吼或反击）	不论被谁批评和体罚（非虐待），爱犬都会乖乖受训，表现出一副顺从的模样
总是和家人抢夺资源（家中最舒服的沙发、玩具等）	会主动让出资源给某（几）位家人，但不愿意给其他家人让资源	总是会主动让出资源给每一位家人
进餐时发现家人靠近自己，会格外谨慎，如果家人触碰进餐中的爱犬或碗中的食物，可能会导致爱犬发怒	允许某（几）位家人随意靠近和触碰进餐中的自己及碗中的食物，但不允许其他人这么做	允许每一位家人随意靠近和触碰自己碗中的食物，进餐时无论家人怎么摸爱犬，甚至用手拿爱犬嘴中的食物，爱犬都很随和地任由主人摆布
爱犬不听话，无论家人如何叫唤，爱犬都不理睬	对某（几）位家人百依百顺，叫爱犬做什么就做什么，但不理睬其他人的口令	对每一位家人都百依百顺，服从性极高

Q12： 为什么不把"在主人吃饭前/后进食"作为判断狗等级（地位）的依据？

A12：　　首先，宠物狗是由主人饲养的，何时、何地、吃什么，都不由爱犬自主决定，因此，在主人吃饭前还是吃饭后进食，不能反映出狗的意识。

其次，虽然狗有"领导者应当优先进食"的规矩，让爱犬在主人吃饭前进食，容易让狗产生自己是领导者的错觉，但只要主人是领导者，爱犬就能够明白"主人让我先吃是有他的考虑的，这是主人的安排，我照做即可"。

最后，随着成长，狗对进食次数、饭量的需求都会有所变化，这就导致主人不可能总是"人一餐，狗一餐"。此外，爱犬每天的健康状况、心情好坏、运动量大小等，都会影响他每天的进食情况。主人视情况为爱犬加餐、减餐，还有主人自己不想吃饭等原因，均会错开人、狗的进餐时间，从而无法判断主人吃饭和爱犬进食的先后。

> "在主人吃饭前/后进食"虽然无法判断犬只与主人的等级关系，但"在其他狗进食前/后进食"能够分辨出狗之间的等级关系。

Q13： 家庭中，合理的狗群等级应当如何？家人之间要怎么排等级？爱犬之间要怎么排等级？

A13： 家庭中，一个合理的狗群等级应当是人高于狗。人之间，没有等级排序，而狗之间有。即等级排序为家人 A、家人 B、家人 C＞爱犬 a＞爱犬 b。

此外，我们还要让爱犬明白，不仅是家人，那些他所遇到的其他人，如朋友、同事、来访的陌生人、路人等，等级都比他高（见图 3-29）。

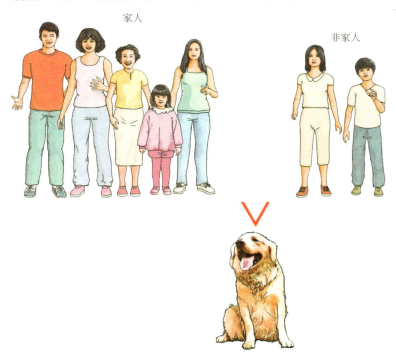

图 3-29　人的等级应当高于狗

Q14: 家里养了几只狗，主人应当如何给他们设定等级？如何稳定他们的等级关系？

A14:

如何合理地设定等级排序

主人可以选择更沉稳、睿智、有能力的爱犬作为等级最高的顺从者，选择性格适中、能力适中的作为等级第二的顺从者，选择傻头傻脑、完全不在意自己等级的作为等级最低的顺从者。

当然，主人也可以按照加入狗群的先后顺序、主人自己的喜好等来给他们排序。不过，不够理性的排序，容易导致爱犬之间的不服气，从而频繁爆发战争。比如，主人按照加入狗群的先后顺序，设定了吉娃娃＞哈士奇的等级关系。哈士奇觉得自己在各方面比吉娃娃强，因此一有机会就向吉娃娃发起挑战，比如吃饭时抢吉娃娃的食物导致吉娃娃与其打架，行走时不让吉娃娃走在自己前面导致吉娃娃与其打架……所以，主人应当尽可能地从理性的角度，为他们合理地安排等级高低。

如何稳定等级关系

等级设置完毕后，主人要做的就是告知爱犬他们的等级排序，确立和维护上级的地位并打压下级的逆反心理。

具体来说，主人可以通过进食顺序、行走先后等规矩，让爱犬明白自己所处的等级。如主人先喂哈士奇，等哈士奇进食完毕后，再喂吉娃娃。这样，哈士奇就会发现自己的等级高于吉娃娃，吉娃娃也明白自己的地位低于哈士奇。接下来，主人帮哈士奇稳固等级的同时，也要打压吉娃娃：只要吉娃娃向哈士奇发起挑战，无论输赢都要挨主人的责罚。时间久了，爱犬们就会发现，哈士奇的等级高于吉娃娃，这是一个不可变动的等级顺序。狗群的等级关系因此也就稳定了下来。

> 维护上级、打压下级的做法，看似残酷，实则符合狗的等级制度。若主人不忍心打压下级，甚至还护着下级，那狗群就会变得混乱。如吉娃娃挑战哈士奇的权威，结果被哈士奇压倒在地，主人见此场景，立刻心生怜惜，不仅哄抱吉娃娃，还批评哈士奇以大欺小。此次较量本该在主人支持哈士奇的获胜、批评吉娃娃的篡权中结束，而不正确的应对方式，导致吉娃娃不仅从这次较量中尝到甜头，还发现自己的篡权行为得到了主人的支持，剩下的就是战胜哈士奇了。从此之后，吉娃娃隔三岔五地就会同哈士奇打架。

Q15: 有一只等级最低、顺从于整个家庭的狗,是一种什么体验?

A15: 顺从者不用承担领导者的责任,不用替领导者面对各种难以应付的场景,因此,顺从的狗每天都在陪伴主人、享受生活,这会使他变得温和,不吵不闹,言行举止总是透露出一股令人愉悦的轻松、宁静和快乐。

拥有一只顺从的爱犬,对主人而言,就好像多了一个贴心的小跟班(而不是闹心的大魔王),主人希望爱犬怎样,爱犬就表现成怎样——主人有事忙,爱犬会主动给主人时间和空间,安静地在一旁陪伴;主人不想出门散步,爱犬也不闹着要出门;主人想同爱犬玩耍,爱犬立刻撒腿跑去拿玩具球;主人想爱犬乖乖在家,爱犬就安静地待在家里,从不给主人惹麻烦……(见图3-30)

图3-30 爱犬会静静地陪伴在主人身旁,不打扰主人,也不跑去惹是生非

Q16: 怎样才能让家人成为领导者,狗成为顺从者?

A16: 制定规矩

首先,家人需给爱犬制定规矩,特别是在等级方面的权力,要求爱犬绝对服从,不要在等级制度上同爱犬开玩笑。

和等级相关的规矩及对应的违规处罚可参考表3-9,但不限于此。每个家庭的情况、习惯不同，各自的规矩也不尽相同，因此本表只列出了狗作为一种有强烈等级意识的群体，必须遵从的与等级相关的规矩。

● 表 3-9　给爱犬制定规矩

规　矩	违规处罚措施
除非家人下命令让爱犬自由活动，否则爱犬不得走在家人前面，不得先于家人出门或进门	擅自走到家人前面或先于家人出门，则中断散步
除非家人把家里的物品主动给爱犬，否则爱犬不得随意触碰物品。若爱犬希望碰某物品，则需要征求家人同意	擅自触碰物品，哪怕是不小心碰到，都要挨批评
除非家人允许，否则爱犬不得随意进出卧室、厨房等地	擅自进入，或有擅自进入倾向时，要挨批评
家人有事要忙时，爱犬需安静陪同家人，做到不吵闹、不打扰	对于吵闹，一概不予理睬，无视吵闹的任何请求
当家人需要某资源时，爱犬应当主动让出资源	不让出资源，家人则会无情地拿走资源，并暂时没收爱犬使用该资源的权利
家人进餐时，爱犬不得干扰。家人进餐完毕后，才是爱犬的进餐时间，若家人未及时喂爱犬，爱犬亦不得吵闹	做出一切干扰家人进餐的举动，则对正在干扰进餐的爱犬给予批评
家人需要爱犬做某事时，在爱犬可以完成的情况下，爱犬必须服从，服从后可得到相应的奖励	明明可以完成，却有意不完成，不能得到奖励
爱犬必须按照家人所列的规矩行事	任何破坏规矩、影响群体稳定的行为，均要受到责罚

严格执行规矩

不执行或者执行不到位的规矩，在爱犬看来就是没有规矩。一个没有任何规矩的狗群，爱犬会悟出他认为该有的规矩（见图3-31）。

拍照时，应当留意要优先与地位更高的爱犬互动，主人搂着的狗地位高于旁边坐着的狗

玩耍时，主人应尽可能地比爱犬站得更高

图 3-31　主人需在生活的细节中严格执行规矩

规矩不论是大还是小，主人都应当严格遵守，如抚摸爱犬应当先摸地位更高的狗，再抚摸地位较低的狗。

全家人统一思想，统一步调

家人一定要统一思想，统一规矩，统一态度，不要家人 A 不允许爱犬走在前面，而家人 B 却允许。不一致的做法容易让爱犬对规矩本身及执行产生迷茫，进而质疑等级排序（见图 3-32）。

图 3-32　家人不一致的态度会让爱犬迷茫而不知所措

Q17： 如果爱犬已经是领导者，主人应当如何让爱犬变为顺从者？

A17： 若要打破爱犬是领导者的局面，最简单、最直接、最有效的办法便是推翻爱犬制定的原有规矩，建立主人制定的新规矩，并且严格执行新规矩。

剥夺爱犬原有权力

如爱犬原本可以随意进出家里的任一角落，现在则不再允许。

被剥夺原有权力后，爱犬会有短暂的挣扎，出现程度不同的不满表现，只要主人能够坚持不让步，爱犬发现抗议无效后，就只能选择面对现实。

如果爱犬已经过分习惯自己是领导者的状态，主人可以先从剥夺爱犬更不重视的事情，或主人更容易控制的事情开始，再循序渐进地、全方位地剥夺不该属于爱犬的权力，让爱犬彻底臣服。

展现出领导者的姿态

当然，要想让爱犬放弃"王位"，主人也应当展现出"王者之气"，以一名合格的领导者的姿态来说服爱犬。

Q18： 狗为什么总在试图挑战权威，争当领导者？

A18： 在第一章等级制度中介绍过，狗群不是独裁而是协作，头狗的作用是维持狗群稳定、提高协作效率。一位令狗群臣服、受狗群爱戴的头狗，是不会受到成员挑战的，除非他们认为头狗不够格。

让狗感到主人无法胜任头狗的原因有：主人不成熟、不自信，让狗感到不安全；主人的所作所为让狗质疑其能力不足；主人不能严格按照狗群规矩行事，成为规矩破坏者，使狗群不稳定；主人无法摆平狗群成员之间的冲突；主人无法解决本狗群与社区其他狗群的冲突……这就像人类社会中，我们倾向于认可一位成熟、自信、果敢、有能力的领导者，而不是认可一位稚气、不自信、胆小、无能的领导者一样。

Q19： 怎样才是一名合格的领导者？不合格的领导者会出现什么问题？

A19： 一名合格的狗群领导者，一定是令狗信服的领导者，他自信且从容，态度坚决，遇事沉着冷静。性格软弱的领导者，会让性格温和的狗为保护主人而表现得暴躁，出现攻击他人的行为；会让个性要强的狗难以认可"主人是领导者"的事实，而无时无刻不在挑战主人的权威，期望夺权霸位。

那么，如何才能让自己变成一名合格的领导者呢？主人可以从以下三点着手。

自信

主人应当自信，自信可以领导狗群，稳定狗群的发展。

在爱犬面前，主人应当展示出自信的一面，让爱犬看见精神饱满、说话有底气、走路挺直腰板的领导，这样，爱犬才能够放心跟随。

> 爱犬无法在缺乏自信的主人身上找到属于自己的自信。同不自信的主人相处，爱犬会感受到强烈的不安全感，不安全感会使爱犬神经紧绷，处处提防。稍微有一点儿压力，爱犬便像惊弓之鸟一样慌乱，做出近似疯狂的举动。

比如，主人A带着爱犬a遛弯，迎面走来了主人B和爱犬b，这是他们第一次见面，两只狗友好地闻着对方屁股。主人A看见两只狗近距离接触，害怕爱犬a被体形更大的b欺负，因此面露焦虑，内心打起退堂鼓。原本正同b和谐沟通的a，突然接收到主人散发出的恐惧信号，立刻变得紧张，没有预兆地就向着b发起突然进攻。

态度坚决

主人应当态度坚决，说走就走，说停就停。

在爱犬面前，主人应当展示出态度坚决的一面，让爱犬看见说一不二且在糖衣炮弹面前仍能严格按照规矩行事、奖赏分明的领导，这样，爱犬才能臣服于领导者。

主人的犹豫、双标甚至多标，容易让爱犬感到迷茫。一只迷茫的狗，情绪是不稳定的。为了让自己不迷茫，爱犬会想办法弄明白"我该怎么做"，从而建立多种猜测性联系，不断试错，导致爱犬变得暴躁。

比如，主人带着爱犬走到岔路口，由于不知道方向，主人在岔路口来回游走。爱犬看见主人的犹豫，开始担心前方道路有危险（建立了道路与危险的联系），这时，从左边的路口走来一位路人，警惕状态下的爱犬立刻朝路人叫喊着冲了过去。

又如，爱犬在客厅屎尿，有时候被主人责罚，有时候没有被责罚，爱犬因而对"能否在客厅屎尿"这个问题产生了疑虑。为了弄明白问题，爱犬会多次在客厅屎尿，他发现，只要屎尿得隐蔽，或者屎尿之后藏到床底下不出来，就不会被主人责罚（建立了在客厅屎尿逃逸与不会被惩罚的联系），从此每当在客厅屎尿后，爱犬就遵从他发现的规则办事（躲藏），若主人在他躲藏之后破天荒地责罚了他，他反倒觉得主人打破了规矩，开始对主人汪汪叫，责备主人。

冷静稳重

最后，主人应当沉着冷静，不慌不忙地想对策。

在爱犬面前，主人应当展示出理性的一面，让爱犬看见成熟稳重、情绪稳定、善于思考、遇事不手忙脚乱的领导，这样，爱犬才甘心做顺从者，一心听从领导的指挥。

主人遇事慌乱，容易让爱犬也变得慌乱，一些有主见的狗甚至会因此觉得主人是不可信任的。一只跟着主人变得慌乱的狗，会无助地到处逃窜，紧张时，用激进的办法去面对困境；一只看到主人慌乱，自己却不慌的狗，会认为主人没资格做领导者，从而想夺权篡位。

比如，主人A带着5公斤左右的爱犬a散步，途中遇到主人B带着40公斤的爱犬b遛弯。主人A被狗b魁梧的外形所震慑，突然大喊大叫，"那只狗看起来好凶！""你们别过来！""宝贝快！妈妈抱你，太危险了！"，狗a从主人那感觉到将要发生什么大麻烦，于是冲着狗b吠叫着逃窜，引起狗b的追逐。原本可以好好相处的两只狗因为主人A的反应，演变成一场没有意义的激战。

Q20： 为什么爱犬在进餐、玩玩具时会对家人低吼（护食行为）？

A20： 如前文所述，一种可能是爱犬等级高于家人；另外一种可能是，爱犬虽然是顺从者，但却不信任主人。这个不信任，可能是爱犬以前从来没遇到过此类情况，还可能是爱犬曾经有过不好的体验，如被其他狗夺走嘴中的食物或玩具、在吃饭时被人打过、被人没收过食物或玩具等。糟糕的体验，导致爱犬对进餐、玩玩具特别提防，从而出现护食行为。

Q21： 爱犬在进餐、玩玩具的过程中低吼家人（护食行为），应当如何改正？

A21： 找到问题的本源，才可以纠正爱犬的不良行为。

重置错误的等级

我们需先判断是否是等级出了问题。

错误的等级（狗的等级高于主人），会让护食名正言顺。这是因为下级（主人）不能接近上级（爱犬）的进餐区域，更不能打扰上级进餐，如果下级不仅接近了上级的进餐区域，还打扰上级进食，则根据狗的社交规则，上级可以处置下级。

这时候，主人需要做的是重置等级，让人变为领导者，爱犬变为顺从者（见本节的Q16、Q17）——主人拥有食物及玩具的所有权，即主人想给爱犬什么，爱犬就有什么，主人不想给爱犬什么，爱犬就没有什么。

成为令爱犬信任的主人

若狗群等级正确还护食，那是因为爱犬不信任主人、不信任狗群环境。不安全的环境，让他们误以为主人接近，是为了伤害自己（被打、被抢夺东西）。

主人要让爱犬明白，"我是爱你的，不会打你的"，还要让爱犬明白，"东西是我的，我既然已经决定把东西给你，就不可能和你争抢，更不会随随便便就没收它。你看，我过来并不是来同你抢饭的，我只是恰好路过，然后又看你可爱想摸摸你。你不用紧张，不用担心，安心吃饭吧！"

爱犬在进食时对主人低吼，主人可以这样应对（护玩具行为的解决办法相同）：

第一步：接近进餐区域

图 3-33　接近进餐区域

❶ 像往常一样，自然地接近正在进食的爱犬，不要露出刻意接近的样子，偷偷观察爱犬的反应。

❷ 一旦爱犬有警觉，主人立马停止接近，站在原地不动，装作打电话、看风景。爱犬示意人走开时，主人千万不能走开。走开，会让爱犬加深主人来抢夺食物的想法，也容易让爱犬误以为主人是下级，命令他走就得走。漫不经心地打电话、看风景，会让爱犬觉得主人不是有意过来闹事的，从而放松警惕。

❸ 等爱犬的警觉消失后，再继续接近爱犬。多次重复以上步骤，直到爱犬对主人的接近不再产生负面反应。

第二步：接近进餐中的爱犬

图 3-34　接近进餐中的爱犬

❶ 在爱犬身旁慢慢蹲下，让爱犬习惯进餐时旁边有主人。主人不要盯着爱犬或食物，玩手机、看风景均可。

❷ 把手搭在腿上，然后用手慢慢靠近爱犬，当手距离爱犬一个拳头时，不再靠近。只要让爱犬感受到手在旁边即可。视爱犬反应，重复该步骤，直到爱犬不在意手是否在身边。

❸ 抬起手轻轻抚摸爱犬背部，视爱犬接受程度，循序渐进抚摸其头顶和身体其他部位。抚摸时要温柔，若爱犬感到紧张，主人可捏按爱犬背部给他放松。

第三步：接近爱犬的食物

图 3-35　接近爱犬的食物

❶ 集中注意力，将手慢慢伸向食盆，时刻注意爱犬的反应。注意力一定要高度集中，做好时刻闪避爱犬反抗行为的准备。若爱犬不反抗则进行下一步；若爱犬反应激烈，主人应该立马给自己做好保护措施后再接近爱犬，如戴上厚手套。

❷ 拿走爱犬的食盆，做一会儿其他事情，如收拾碗筷、看几个短视频等。拿走食盆后，主人应当给爱犬思考和反应的空间，由于此时不建议给爱犬施压，因此主人可以去做一些自己的事情，直到爱犬安静和顺从下来。若手无法靠近爱犬，可以借助羽毛球拍等道具，移开食盆。

❸ 当爱犬不吵、不闹、不反抗，安静地接受了食盆被移开的事实后，再将食盆返还给爱犬，示意其进餐。爱犬吃几口后，主人再将食盆挪开，待爱犬安静后再返还食盆并示意进餐。多次重复此步骤，直到爱犬对主人拿走食盆没反应为止。主人不可因爱犬吵闹、反抗而给爱犬食盆，否则会让爱犬以为他再一次成功震慑了主人。

❹ 让爱犬看到主人从盆里取出了一些食物，然后用手喂爱犬。若爱犬表现良好，主人应当给予口头表扬，若爱犬尚不适应，主人可以在下次的训练当中再进行此步骤。

Q22：为什么有时当场责备了爱犬的罪行，他却仍一脸迷茫？

A22：责备方式不正确，导致爱犬不知道自己做错了

主人用不正确的方式责备爱犬，导致爱犬尽管被责备多次，却仍不知道自己做的是错事。在不明白做错事的情况下被责罚，爱犬会觉得责备来得莫名其妙。

不正确的责备方式有：温柔地说爱犬错了，说太多爱犬不理解的话，一边指责爱犬一边抚摸爱犬等。

爱犬做的是正确的事，主人却觉得他做错了

爱犬做了他本该做的，但被主人误会成错事，爱犬因无法理解责备的原因，显得不领情。

如爱犬感觉到有危险靠近，叫了两声警示主人，而主人却误以为他在无端制造噪声。主人的责备反倒让他觉得委屈和困惑，"我哪里做错了？以后有危险了，我还敢告诉你吗？"

> 狗有远超于人的警觉性，他们用吠叫来提醒主人附近有危险，这是一件再正确不过的事情了。如果主人不希望爱犬用吠叫的方式提醒自己，可以在家以引导的方式训练爱犬。如，带着爱犬去邻居家门口转转，让他闻气味，熟悉邻居，以改善邻居在门口走动而使他吠叫的情况。又如，找朋友配合自己，训练爱犬用"推主人"这一动作报警。

Q23: 爱犬能听懂我说的吗？他怎么知道我在批评或表扬他？

A23: 爱犬能接收并理解的命令有限，但根据主人的表情、语气、语调来理解主人想传达的意思是无限的。

这也就是说，我们在批评或表扬他时，说的一系列内容，他是完全不明白的，但他能通过主人愉悦的表情、欢快的动作、积极的语气、高昂的语调来判断这是表扬，通过主人严肃的表情、生气的动作、严厉的语气、低沉的语调来判断这是批评。

因此，主人面部愉悦，高昂而积极地说"你这个大坏蛋，我要关你禁闭"，爱犬会开开心心咧着嘴笑着想"我又被表扬啦！"，同理，主人用生气的样子夸爱犬，爱犬会觉得自己受到了批评。

Q24: 批评爱犬时，爱犬为什么要举起前肢和我握手？

A24: 调节气氛，祈求原谅。具体说明及"握手"这个动作的更多意义，详细请看 P28。

Q25： 批评爱犬时，爱犬为什么还敢犯困打哈欠？

A25： 正在遭受主人批评的爱犬，紧张得不行，哪还有心犯困。我们之所以看见爱犬打哈欠，是他在用狗的方式给自己缓解紧张。

不止打哈欠，爱犬还会做出偏头、避开主人视线、频繁吧唧嘴、舔胡须、舔鼻子、抖毛、用力吞咽口水等行为，这些行为能帮他们缓解紧张，平复焦躁等负面情绪（见图3-36）。

图3-36 用回避视线、打哈欠来缓解主人施加的压力

Q26： 主人应当怎样责备爱犬的错误行为？

A26： 我们难以想起几小时前漫不经心的话语，除非是经人提醒，对犯错的爱犬来说，也一样。

他们独自在家翻垃圾、撕报纸，等主人下班回家时，爱犬早已将事情忘得一干二净。如果主人在这时候批评爱犬，他不仅无法想起之前的所作所为，还会把眼下发生的事情与批评联系起来，误以为自己是因热情迎接主人才被批。

因此，当错误已经发生时，主人可以考虑用以下两种方式责备爱犬：一种是在错误发生当下，主人立刻给予责备，若无法在第一时间责备爱犬，主人还可以想办法制造现场，引爱犬犯错，从而抓现行；还有一种是，想办法让爱犬想起之前做的事情，然后在爱犬明白做了什么事情的情况下，再责备爱犬。具体的办法可见 P81 的 Q19。

Q27：为什么主人第一时间责备爱犬后，爱犬短期内表现良好，可是后来还是会不断犯错？

A27：

出于某种目的，有意为之

当爱犬为了获得主人的关注、为了报复主人抛弃自己（其实是寄养）等时，会故意做主人明令禁止的行为，怒刷存在感。这是爱犬在明知故犯。

忘记这是错误行为

爱犬不是真正明白自己错在哪时，很容易因为"好了伤疤忘了疼"，又开始不断犯错。

错不在狗，错在人

当爱犬没有做错，错在主人时，爱犬认为自己没错，因而坚持做自己认为正确的事。

比如，主人总是不按照正确的进食顺序喂食，导致爱犬觉得等级待遇不公，为了争取合理的待遇分配，爱犬们只好靠打架解决问题，这就导致了主人责备时，爱犬虽能听话地不再争执，可是下次进餐时还得打架。

又如，主人看见大狗总是会害怕，出于对主人的保护，爱犬会主动吠叫大狗，主人的责备虽能使爱犬停止吠叫，但下次遇见大狗，爱犬还是会因为主人而狂吠。

> 错误的责备会让爱犬感到冤屈和迷茫。因此，当爱犬做"错事"时，主人请先试着在自己身上找原因，排除了自身问题之后，再针对性地解决爱犬的问题。

Q28：如何有效地防止爱犬再次犯错？

A28：
预防性责备可以有效改善爱犬的再次甚至是反复的犯错行为。

用心观察爱犬，就能发现爱犬做某事前都有一些明显的神态或举动，预防性责备即在爱犬出现这些神态或举动时（也就是即将犯错的时候），立马给予爱犬停止行动的信号。如爱犬走向禁区，即将踏入房门时；爱犬走向垃圾桶，头即将凑到垃圾上时；爱犬突然警觉，即将发动攻击时。

停止信号可以是主人制定的禁止语/手势（不行、No等）、突然厉声大呼爱犬名、轻拍爱犬身体，以及拿出爱犬更感兴趣的食物、玩具等。

Q29：爱犬为什么有时候很听话，有时候却不听话？

A29：
狗是有性格、有脾气的动物。再顺从的狗也会有自己的小心思、小倔强，从而违抗主人的命令。

仅少数时候不听话

如果爱犬只是极少数时候不听话，如只在玩得特别疯狂时才无法唤回，或只在发情期才闹着想出门等，主人除了从根源上解决问题（如不让爱犬玩到疯狂状态、给爱犬绝育等）之外，别无他法。

若主人并不想解决根源问题，觉得这些不听话的举动在自己可接受的范围之内，那么，主人就要试着接受并习惯爱犬的"不听话"。

常常不听话，只有吃喝玩乐的时候才听话

如果爱犬大部分时间都不听话，只有少数情况下才听话，特别是只与吃喝玩乐相关的事情才听话，那么，主人就该好好审视一下，到底是爱犬在听主人的，还是主人在听爱犬的。

看到这，相信很多主人会有"为什么这么说呢？我每次拿吃的给爱犬，爱犬都特别乖，叫他站立就站立，叫他坐就坐啊"的疑问。

他们虽然按主人的指示坐下，但他并不是把主人的话当作命令来执行（即未把主人当头狗对待，不把听话当作自己的义务），而是因为他发现"听话"是一种简单而高效的获取好处的途径。在他们看来，可以用"听话"来命令主人，满足其吃喝玩乐的需求，至于那些主人无法给予的，就不用再"听话"了（见图3-37）。

图 3-37 同一件事，以人为中心和以狗为中心时，意义不同

因此，要改变爱犬假听话的局面，主人就要成为领导者，而爱犬是顺从者。

Q30：爱犬抗拒牵引绳，主人该怎么办？

A30： 当爱犬从未接触过牵引绳，或是曾经被绑着对心理产生过负面影响时，都会对绳索有警惕、抗拒之心。主人需要先消除爱犬对牵引绳的不良印象，然后再建立积极印象，让爱犬喜欢上牵引绳（见图3-38）。

图 3-38 爱犬抗拒牵引绳的解决办法

❶ 把牵引绳放在爱犬附近，或爱犬常出没的地方，让爱犬独自接触牵引

绳，熟悉牵引绳，确认牵引绳不会伤害自己。

❷ 爱犬熟悉牵引绳后，用牵引绳的任意部位温柔地触碰爱犬背部或头部，让爱犬明白牵引绳不仅不会伤害他，还能给他按摩。

❸ 爱犬不再排斥牵引绳后，主人可以尝试给爱犬套上牵引绳，若爱犬还会闪避，主人可以用一只手喂爱犬，等爱犬认真进食时，用另外一只手迅速把牵引绳套上。

❹ 牵引绳套上之后，带着爱犬出门玩耍，第一次玩耍时间可以短一些，绕着院子走一圈即可，等爱犬慢慢熟悉牵引行走后，再延长玩耍时间。

若爱犬一套上牵引绳就不愿意行走，那么主人要先检查牵引绳的舒适性（是否太紧、是否做工不佳等），把牵引绳调整到令爱犬舒适的程度，然后再慢慢引导爱犬，牵着他在屋内行走。如果爱犬不愿意被牵着走，赖在地上不动，甚至与牵引人做力量对抗，那么主人务必用更大的力量、更多的技巧将爱犬牵起行走。必要时可以找另外一个人抬起坐在地上的狗屁股，并推着爱犬向牵引方向前行，直到爱犬拴着牵引绳能正常行走、跑步为止。

❺ 玩耍完回家后，将牵引绳脱下，多次重复以上办法，直到爱犬完全接受牵引绳为止。

Q31：散养和拴着养，哪个好？

A31： 你愿意被限制自由，甚至是长期被拴着生活吗？应该没有人会回复"愿意"。一个被长期限制自由的人，哪怕有人定期给他准备三餐，给他提供玩具，他的精神状态也不会好。人尚且如此，更不用说天生就向往自由、向往奔跑的狗。

无论是在家中，还是在户外，一只被长期拴养的狗，缺少与外界接触的机会，没有地方释放能量，生活态度易极端：要么意志消沉，郁郁寡欢，对任何事情都提不起兴趣；要么狂躁易怒，表现出极强的攻击性。

相比之下，散养的犬只，有更多的机会同人类、动物、自然相处，更有自信，也更容易信任人类，对人类友善。

因此，除非迫不得已，否则尽量不要长期拴养爱犬，这样会让他们身心俱疲。

图 3-39 中的黑狗被长期拴养，限制自由，内心常处于压抑状态。长期的压抑导致他受到轻微刺激，就变得兴奋无比。而这股兴奋劲又因为铁链的缘故，无法释放。他只能把发泄目标转移到一旁的木头上，配合撕、扯、啃、咬等动作，宣泄无处安放的能量，以此来获得心理补偿。图 3-39 为黑狗看见有陌生狗接近，激动地一边吠叫，一边用力啃咬木头，把木屑弄得满地都是。这个行为类似于人在异常悲愤或开心而无法表达时，通过锤墙、摔瓶子

等方式来进行发泄。偶尔有这个行为属于正常现象，而长期、频繁地存在这个行为，就已经属于心理异常了。

图 3-39　佛冈上岳村一农户家的狗

Q32： 在家散养爱犬，爱犬有较大的活动空间，主人还有出门遛狗的必要吗？

A32： 有。出门遛狗不仅是为了满足爱犬的日常运动需求，让其保持健康的体魄，更是为了满足他们的社交需求和探索欲望——即使在遛狗时没有遇见其他狗，爱犬也可以通过鼻子嗅出他们路过时留下的信息。

除非有一个可供爱犬自由奔跑的庭院，否则，单靠在家散养是无法满足爱犬日常运动需求的。如果主人没有充足的时间带爱犬出门运动，可以给爱犬准备一些追逐用的玩具，或给爱犬使用跑步机，来增加其运动量。

Q33： 如何让爱犬养成有需求时先向主人请示的好习惯？

A33： 当爱犬是家中的顺从者时，他会遵照主人的意愿行事，尤其是铁规，他会小心谨慎地不让自己出错。可是爱犬也有自己的需求，这个需求还可能同主人定的规矩相违背，比如爱犬知道不能上床，但自己又想和床上的主人在一块；又如爱犬知道不能在主人吃饭前进餐，但自己已经饿得要命了。

这时，他就会动用自己的各种小心思，来婉转地告知主人，由这些小心思构成的一系列举动，如殷勤地望着主人、哼哼叫、不断做出他想做某事的前兆、把头搭在某处求关注、做主人最喜欢的动作等，就是爱犬在向主人"打申请、提要求"的过程。

主人可以根据爱犬向上级请示的特点，教他并指定他用一些特定动作来表示，简化爱犬的麻烦，也方便主人同爱犬交流。

以爱犬想上床为例，教爱犬请示动作，具体方法如下。需要注意的是，确保爱犬知道不可上床，且能够遵守不上床之后，再培养爱犬利用请示动作来打申请的习惯。

第一步：当爱犬表现出想上床的想法时，主人不要立刻答应，试着冷落一下爱犬。若爱犬做出违规动作，如前肢搭在床上，主人应当立刻喝止。

第二步：等爱犬情绪平静后，呼唤爱犬来到床边，指定爱犬做出一个已会的动作（最好是平静的动作，如举手、坐等，不要是跳跃、拜拜等容易导致爱犬兴奋的激烈动作），动作完成后，主人可以示意，或者直接把爱犬抱上床。

第三步：让爱犬在床上待几分钟后（停留时间需逐渐增加），命令爱犬下床。若爱犬不配合，主人需责备爱犬并强行赶他下床。

第四步：重复以上三个步骤，直到爱犬每次想上床前都会主动完成指定动作以示请示。

第五步：当爱犬能够稳定地完成整个请示过程后，主人需选择性地拒绝爱犬的请示，让爱犬明白请示只是一种表达，是否可以上床还是得听从主人的安排。若爱犬出现未请示，或主人不同意就擅自上床的情况，主人需严厉责备爱犬。

> 帅帅会通过"坐"来表达他的"想要"（打申请），想出门，就坐在门口望门把手；想吃零食，就坐在放零食的橱柜门旁；想我帮他拿够不着的玩具，就坐在沙发旁看着沙发底（见图3-40）。

图 3-40 帅帅用"坐"来请求主人帮忙拿沙发底下的球

Q34: 我一碰其他狗,爱犬就凑过来黏我,或对其他狗吠叫,怎么办?

A34: 这是爱犬争宠、妒忌心理作祟的结果,也是爱犬忧患意识的体现,从侧面暴露出爱犬不够独立、对主人不够信任的问题。

一只独立、对主人充满信任的狗,看到主人在爱抚其他狗时,并不会担心主人没有能力应对意外(如对方突如其来的攻击),也不会担心主人会因此冷落、抛弃他。

若爱犬只是偶尔争宠,主人可以理解为爱犬撒娇即可,主人无需为其感到担心。若爱犬频繁争宠,特别是爱犬会为了争宠而呈现进攻姿态,主人就要想办法改掉爱犬的"争宠行为"(见图 3-41)。

爱犬的状态	"争宠"现象的原因	主人需采取的措施
 左右摆动，富有朝气地、雀跃地跑向主人	心情愉悦时偶尔撒娇	不必担心
 专注地看主人摸别的狗，一有情况立马上前调解	担心主人安危，害怕主人无法应对意外	树立主人威信，提高可靠度
 微生气或一脸沮丧，会着急地向主人跑去	嫉妒，渴望关注，害怕被冷落	批评爱犬的争宠行为，给爱犬多一些关注和爱护
 十分愤怒，尾巴高举强调权威，会有力量地向主人跑去，容易对狗发起攻击（发现爱犬有进攻意图时，应当立刻制止爱犬）	不同意主人与其他狗接触	主人应想办法成为领导者

图 3-41 "争宠"现象的原因

Q35： 我长时间地与爱犬相处，花了很多时间和心思照顾他，为什么爱犬还觉得我不够关注他？

A35： 很多主人觉得自己每天花了很多时间和爱犬待在一起，就是对爱犬的关注，可是事实上，爱犬却一点儿都没觉得自己得到了关注，这是为什么呢？

我们可以仔细想想和爱犬相处的时间里，我们到底在关注什么，是爱犬，还是电视、手机？和爱犬在一起时，我们花了多少时间抚摸他、训练他、陪他玩耍？我们又花了多少时间拍照、聊天、看视频？

爱犬渴望主人能够看着自己，从主人身上获得实时的反馈，就像孩子渴望父母放下手机和自己聊天，而不是盯着手机听自己说话。

Q36：爱犬为什么总是背对着我？

A36：背部是爱犬眼睛看不到的视觉盲区，爱犬正是因为信任主人，才愿意把没有防御的背部完全展示给主人。

但如果爱犬在家里还频繁地背对主人，就不是一个好消息了。这是因为，爱犬在家这样安全环境中还一直处于紧张状态，说明他认为家并不是绝对安全的，他不仅无法放松休息，还要时刻注意周边环境，以及时面对突如其来的危险。

主人要当一名合格的领导者，给爱犬足够的安全感，帮助爱犬消除"家中仍有危险"的认知，让其放松警惕，悠然自得地在家中享受生活。如何当一名合格的领导者，可见本节 Q19；如何给爱犬安全感，可见本节 Q37。

> 该问题是针对狗觉得家不安全，所以只好总背对着人的情况。我们不能以人的主观臆想，觉得家是安全的地方，就单方面地认为狗也把家当作安全的地方。一只在家觉得很安心的狗，会随自己的意愿随处躺下，而不会总是寸步不离地跟着主人，背对着主人坐卧。

Q37：如何给爱犬安全感？

A37：什么样的人容易让他人有安全感？成熟稳重、大方自信、不神经质、遇事沉着冷静不慌张、举止得体的人最容易让他人有安全感。

爱犬也需要这样的主人：可以很调皮却不会暴躁轻狂，可以很温柔却不会优柔寡断，可以很随和却不会没有底线，可以嗓门很大却不会神经质，可以反应稍慢却不会慌慌张张……

一位让爱犬感到信赖和可靠的主人，能让爱犬获得强大的安全感，从而变得心安而顺从。若缺乏安全感，则爱犬易暴躁、有攻击性（见图 3-42）。

表现　取代主人地位，自己当领导者　　变得焦虑、暴躁　　有攻击性，只会用吼叫、撕咬解决问题　　不听话

图 3-42　没有安全感的狗容易出问题

Q38： 狗会哭吗？他们是怎样表现自己的痛苦的？

A38： 狗会哭吗？那是肯定的。狗在哭时，不会有号啕的哭泣声，也不会有哽咽声，只有轻轻的哈气声。主人翻开狗的眼皮，可以看见他们潮红的眼白，和人在哭泣时一样，眼睛看起来水水的、红红的（见图 3-43）。

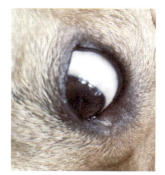
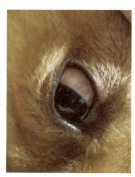
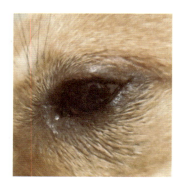

不哭时，白色的眼白　　　哭泣时，潮红的眼白（这是停止哭泣后的照片，哭泣中眼睛更红）　　　哭泣得厉害时，眼周会潮湿

图 3-43　狗哭时的眼睛

狗总是在尽力忍受痛苦，并竭力克制一切痛苦的表现，即使是巨大的痛苦，他们的表现依旧能够安静到令人无法察觉。当痛苦程度超出承受极限时，狗才会偶尔发出哼叫、尖叫、哀求声，而仅仅是在无法想象的痛苦之下，他们才会伤心地哭。因此，当主人听到爱犬疼得尖叫一声时，这说明他已经难

以忍受这种程度的痛苦了。

Q39： 爱犬为什么总是强吻我？我该怎么办？

A39： 正常情况下，爱犬并不会总是亲吻主人，频繁强吻是心理焦虑的表现。

遇到这种情况，主人应该明确地拒绝爱犬亲吻（扭头、推开爱犬，并严厉指责爱犬的亲吻行为），多陪伴爱犬，带他出去运动来减缓焦虑。

若情况没有好转，建议主人去找专业的宠物心理医生给爱犬进行治疗。

Q40： 爱犬和我玩耍时，为什么有时候会发出低吼的呜呜声，有时候会响亮地叫一声？

A40： 区别于护食、攻击状态下发出的呜呜声，爱犬在玩耍时发出的呜呜声，并没有伴随出现皱鼻翼、露獠牙。这时候的呜呜声非但不是要攻击人，反倒是爱犬玩得最开心最放肆的体现。

当爱犬在玩耍，希望获得对方的回应时，会响亮地叫唤一声或数声，如催促对方快点参与到游戏中、求得对方的注意等。

附录

狼的演化，狗的诞生

随着最后一道光消失在肥绿的叶子边缘，夜幕降临了。

今天又是一个收获略微的日子，从早到晚的伏击只换来一只小鹿。

按照惯例，鹿要先给头儿吃。

头儿，狩了一辈子猎，几乎没失过手。但近几周，头儿的体力明显不及从前。因为判断失误，造成我们频频失手。看来，头儿真的老了。

想到这，我努力朝头儿瞥了一眼。徐徐微风拨开了层层云雾，倾泻而出的月光如银白色的战袍，披在头儿的肩上。头儿昂首挺胸，威风地踏着步子，三两下就从石头上跳下，朝着我们，缓缓走来。

借着月光，我看见头儿坚毅的眼神，却又仿佛带着迟疑的悲凉。距离头儿不远处，小鹿完成了它生命中的最后一次挣扎。我赶忙松开鹿尾，和兄弟们一起识趣地散开。这是头儿的独享时刻，谁也不能打扰。

头儿象征性地吃了几口之后，转身离开，后宫们见状赶紧带着族里的孩子们一同进餐，年迈的长者看着孩子们饱腹离去后才匆匆进食，最后，才轮到我们这些年轻壮汉。

对着所剩无几的晚餐，我大口地撕咬快速吞咽，慢了，就什么都没了。

这几口肉，没能让持续挨饿的肚子有哪怕一丁点的满足。除了孩子们，饥饿就这样重复上演着，也许，明天就能饱餐一顿了吧。

我贪婪地舔干肋骨上的最后一丝血，小跑着回到已走远的狼群中。我们要趁着不速之客到来前，回到安乐窝。

不记得从何时起，原本平常的世界新增了好多陌生的气味、声音和画面，那群可以一直站立的动物，总是不停地散发出新的气味，发出新的声音，做出新的动作，令我们既兴奋又恐惧。

记得这群动物第一次出现在我们的疆域时，混杂着动物、植物还有石子等的气味。没想到世上居然还有这样复杂的气味，我们既兴奋又恐惧这些怪物会给我们带来未知的伤害。所以我们远远地盯着，尽管嗅不出丝毫恶意，也不想轻易靠近他们。

一段时间后，他们在我们安乐窝的附近安了家。白天，他们追捕野兽，采摘果实，晚上，他们聚在家里。看得出来，他们也是群居动物，有头领，有战术，和我们一样。但是他们那些拿在手里的奇怪的物件，都是之前没见过的。我曾亲眼见他们用这些东西，把突袭的凶兽反置于死地。

在这段时间里，恐惧远大于兴奋，直到我们发现他们在黑暗中，好像看不清东西。这个发现让我们重新找回了驱逐，甚至是猎杀他们的信心。于是，一到夜晚，我们有事没事地就在他们附近徘徊。果然，在黑夜的束缚下，他们只能死守在家里，踩踏叶子发出的簌簌声，都能让他们紧张得令空气凝固。然而，我们每一次尝试靠近，都止步于那个刺眼的、蹿出火星儿的、一靠近连空气都滚烫的篝火。

我所认识的夜晚的林子，是个恬静而危机四伏的地方。篝火，用它摇摆的身姿，肆意挑明暗藏的真相，林子也因此变得躁动了起来。

忽明忽暗的火光，使树的轮廓忽隐忽现，浓重的红色毫不留情地掩盖了薄薄的月光。我嗅了嗅，闻到了已经熟悉的火味、肉味、人味，等等，居然还有一只成年母豹的气味。一切都蒙在鼓里的傻人呀，性命都要没了，还在那悠然自得地烤肉。这么长时间以来，我头一次发现，没了各种奇怪的物件，没了这个熊熊燃烧的篝火，他们就什么都不是。我向狼群发出了信号，这声嚎叫也惊动了在火堆旁烤肉的人。

人们刹那从石头上跳起来，猛地抽出烤肉木棍，紧紧地横握在胸前。他们一边后退聚拢一边四处张望，惊慌地转动眼珠拼命检查正前方的每一个位点。我躲在暗处，看到他们的背后，就隔着一层灌木丛的距离，闪现了两点蓝绿色的光。看来母豹在此守候已久，就连我的突然出现，也没对她的捕猎计划构成一丝威胁。

这是进攻的绝佳时机，我前倾身子，全神贯注地等待母豹跃出灌木丛。然而，这一刻迟迟没有来临，母豹一直卧在灌木丛里，静静地，就只是看着。呜呜呀呀的叫喊声，噼噼啪啪的火焰声，融合成暴风雨前的宁静。

我收起爪子，放松了全身肌肉。虽然不明白母豹的用意，但我们愿意等。

时间就这样，在等待中慢慢逝去，我从站着变成坐着，又从坐着转为躺着，长时间的安静让人们逐渐放下警惕。突然，母豹暴起，猛地一跃，扑向只身走动的孩子。突如其来的袭击惊动了原本已散开的人群，伴随着男孩撕心裂肺的惨叫，人们慌慌张张地拿起火把、操起武器，勇敢却又胆怯地朝母豹逼近。

此时，人们背对着狼群，把注意力全集中在男孩和母豹身上，完全没有觉察到我们的存在。如此大好时机，岂不是可以鹬蚌相争渔翁得利吗？我不禁想到母豹血虐全场后体力不支被我们拿下的场景，一顿美餐仿佛已摆在眼前，阵阵飘香，让我兴奋不已。此时此刻，兄弟们都和我一样，摩拳擦掌，渴望随时冲上前去打个漂亮仗。

于是，我稍稍侧头，希望能够在第一时间接收到头儿发起进攻的指示。正当我满心期待地看着头儿时，却讶异地发现他眼中没有一丝进攻的意图。为什么？这是怎么回事？这么好的时机为什么不让弟兄们上？为什么连一丝进攻的想法都没有？为什么？为什么？难道头儿真的老了，差劲到连一点儿判断力都没有了？我该怎么办？要违背命令擅自发起进攻吗？

我皱着眉头，转着眼珠，努力想把一系列问号变成句号。可还没得出结论，就被头儿逮了个正着。他严肃地瞪了一下我，一副看穿我的样子，把我着实吓了一跳。猛然，我才反应过来——头儿还是头儿，就算他老了，只要他还在领导狼群，我就该无条件地服从他。在头儿的威严下，我默默地把头低下以表顺从，不进攻就不进攻吧，我看着就是了。

头儿见我没有异议，才缓缓移开视线。可我却从余光中看见他震惊无比的侧脸。发生了什么？我赶忙向头儿盯着的方向望去，这，怎么可能？！男孩没死，死的是母豹！

这些站着走路的生物到底拥有什么力量，居然可以依靠那些棍棒，压倒性地打败一只成年母豹！震惊之余，我开始有点明白头儿为什么不发起进攻了。

脑袋一片空白的我，不知道怎么就跟随着大部队回了家。回去后，我看见头儿紧缩眉头思考了许久，月光落在头儿身上竟显得如此沉重。我努力想，但却想不透头儿的心思，只好先去睡了……

在梦里，我闻见了从未有过的香味，远远的，隐隐约约的……好香！我猛地睁开眼，猛吸飘来的异香，大清早就馋得我流口水，我忍不住和兄弟们去一探究竟。

我们循着气味，来到了昨晚潜伏的草丛。我定睛一看，只见一旁的人们从母豹身上撕扯下一块块肉，插在棍子上。鲜肉与烤肉缠绕着散出醉人的香味，让饥肠辘辘的我们欲罢不能。

时间一分一秒地过去了，兄弟们离去的离去，留下的或犹豫或烦躁，也包括我。我犹豫是否要发动进攻，哪怕只是抢块肉也好，又怕失败的战略可能会让我步那只母豹的后尘，令我烦躁不已。我不禁又瞥了一眼母豹——那已经没有了温度的、冷冰冰的尸身。几小时前它还生龙活虎，我有必要为了一顿没把握的饭，而搭上小命吗？不不不，这绝对没必要，生存才是王道。趁着不再改变主意之前，我赶忙转身离开。后来，大家都陆陆续续回到家，没有一匹狼主动与人类发生冲突。头儿也因此默许了这次唐突的行动。

从此以后，不论是黑夜还是白天，只要有空，我们就听安排，三三两两地溜达到人类栖居地附近，观察他们。也许是我们从没发起过进攻，导致人类对我们的敌意渐渐消失了，甚至还会给那些毫无防备之心、总是在人类面前活蹦乱跳的幼狼一些香喷喷的小骨头吃。

几周下来，过分的和平让我对这些站立走路的动物失去了兴趣。得空，我不再去观察他们，转而开始独自觅食。比如此刻，虽然是晚上，但运气却大好。在被落叶覆盖的地洞中，我刨到一只快被饿死的幼兔。看到幼兔在洞里毫无生气地挣扎，我激动地叼住了它，几口就下了肚。这几口嫩肉简直就是久旱的甘霖，让饿了好久的我突然"复活"了。不费吹灰之力就得到的饱腹感顿时占据了我全身，幸福的我连回家的步伐都能如此轻巧！我雀跃地小跑着，有一种要飘起来的……等等！这是哪来的震感？我赶忙站住，感受到在远方，有一个体形巨大的家伙正在奔跑。来不及多想，我仰天长啸，通知家中的伙伴。

静听动静分辨方向后，我小心翼翼地向入侵者靠近。伴随着一阵微风，我隔着一大片林子，嗅到了入侵者的气味——熊！熊可不是好惹的主儿，我决定隐藏在此，不再靠近。在层层叠叠的叶片缝隙中，我窥见它觅食的身影。说实话，我们这很少有熊闯入，对于这种个头、力量远大于狼，而敏捷也不输狼的动物，我们难以取得战斗优势，因此，我们都识趣地避开它。

趁着熊背对我时，我蹑手蹑脚地钻进了下风位。毕竟，形单影只的我隐藏好自己的气味才是上策。就这样，我远远地、偷偷地看着熊，直到他的身影变得越来越小，即将消失在疆域范围内……正当我放松戒备之时，一股浓烈的熏肉香扑鼻而来，我紧张地盯着熊离去的背影——它果然调头返回了。该死的风！

想也不用想，熊一定会向着人类栖居的地方移动——除了人类，在那还有毫不知情的兄弟们。要是兄弟被这头熊撞见，可就遭了！

我寻思着气味暴露是迟早的事，熊此时与我还有一定距离，我得抄近道全速前进！

很快，我便在距离人类栖居地不远的地方意外遇见了头儿。简单行礼、交流后，头儿当即长嚎。不知道为什么，此刻的头儿看起来异常威猛，那一掠而过的骄傲似乎是在告诉我今晚有大事。难道是沉寂之后的爆发？有了母豹的经验，头儿总算要大干一场了？没错，人打得过母豹，可不一定能打得过熊，这回我们真的可以坐收渔翁之利，一举歼灭人和熊了！想到这，我兴奋地绕着头儿直打转。

跟随头儿观察完地势后，我们与闻讯而来的精壮部队集合。还是那片草丛，我们静静地埋伏其中，就等熊的到来。

我们高高立起的耳朵，像雷达一般，收集着方圆几公里内一草一木的动静。在呼呼的风声中，我听见了树叶婆娑的声，听见了虫儿欢愉的鸣叫声，听见了熊熊火焰的噼啪声，听见了人们劳作的咿呀声，还有越来越近的脚步声——它来了。我屏气凝神，做好了时刻交手的准备。

突然，我被"嗥"的一声吓了一跳，人类也立刻警觉了起来。哪匹傻狼，在这节骨眼上犯蠢？我愤怒地朝吠叫声瞪去，居然是头儿！疯了吗？！头儿是要怎样？同时对抗人与熊？

顿时，狼群乱了阵脚，我看见一些胆儿特小的伙伴已经开始退缩，而头儿却依旧坚定地望着熊来的方向。宛如一座雕像的头儿，没用只言片语，就让我感受到身为狼族的信念和使命，跟随头儿的决心也更加坚定——这也许是头儿作为领袖的最后一次出击，为了狼群，他已经压上了自己的生命、尊严和至高的荣誉；为了狼群，我必将毫无条件地拥护、追随他直到最后一刻。

狼群在头儿的镇定和威严下，渐渐平静了下来。在头儿的一声号令下，我们无义反顾地冲了出去，跟随着头儿奋战了很久，很久……

……

天亮了。

我以为我再也闻不到树林的气味，看不到远处飘起的朝日，听不见幼狼们哈哈哈的笑声。

我本以为这场力量悬殊的战役会很快结束，我本以为带领狼族打了胜仗的头儿会站起来……

望着一具具血肉模糊的躯体，我竟是精壮部队中唯一存活下来的狼。我努力地撑着自己，颤抖着看他们和死去的人类一起，被一点点埋入土里。

这一切，有意义吗？

……

回到狼群，我顺理成章地成为了新一任的头儿。在家镇守的母狼和小狼看见伤痕累累的我，还不知道发生了什么。

我休整后，决定带他们去那块土地，趁着气味还没消散，致以狼族最后的温情和敬意。

……

再次来到战场，已经是傍晚，午后的一场大雨冲去了所有的血腥。隔着半百米远，我看到葬着头儿和兄弟们的土包，沉痛无比。土包的不远处，是昨晚的那只熊。它被人们切开，一块肉不少地摆放在那儿——那儿是战役取得胜利的地方，也是头儿最后倒下的位置。

人们没有把熊带走。

在人们哭嚎同胞、哭嚎狼族的声音里，我回想起昨晚人狼共战的场景，原来头儿以身试险就是为了这个。

我带着狼族靠近土包，跪着哭泣的人们看见我，不但没有拿起武器，反倒一片感激。我想，经过昨晚的奋战，他们已把我们视为上天赐予的福祉。

我们选择了彼此相信，选择了战略合作，选择了远方，便只顾风雨兼程。

从此，人、狼一起狩猎，一起生活，一起玩耍，同仇敌忾。相互扶持，相偎相依，使我们都不再那么危险，不再那么寂寞。

后记

狗陪伴着人类走过了几万年的时光，只是在最近的一百年以来，人类才因自己的审美、执行任务的需要，培育出了各种各样的"纯种狗"。这些完全按照人类喜好培育的纯种狗，不仅使狗的基因库明显缩小，令杂交狗难以生存而数量下降，还让纯种狗承受了本不该有的痛苦。

为了看起来可爱而培育出大头的品种（如英国斗牛犬），因大头与母狗产道的不匹配，导致母狗不得不忍受难产剧痛或靠剖腹生产。跑姿优美的弓背德牧，无法像正常狗一样跨越一定高度的障碍，脚短体长看起来很萌的柯基，易患腰椎问题而无法正常上下楼梯。金毛得癌症概率高，拉布拉多视网膜易变异而产生盲点，贵宾犬易得泪腺炎，边境牧羊犬易失明，萨摩耶易得糖尿病……纯种狗要忍受基因缺陷，忍受近亲交配导致的高致病率、高畸形率、高死亡率带来的生理痛苦，而杂交狗要面对看不起杂交狗的人们的冷眼和摧残，以及生存、生活空间的高度挤压。

我们确实从"纯种狗"当中得益，可是育种对狗来说，却是一场完完全全违背自然的灾难——大部分纯种狗脱离人类便无法生存和繁殖。在未来，狗（这个物种），会因人类的过度干涉而选择离开吗？